AF815950

Inhaltsverzeichnis

C. Beispiele ausgeführter Wasserkraftanlagen

A. Grundlagen

1. Energiequelle Wasser, ihre Erschließung

In der Natur tritt das Wasser in verschiedener Weise als wichtiger Energieträger auf. In den Wildbächen, Flußläufen und Seen verfügt es, unter dem Einfluß der Schwere im natürlichen Kreislauf wieder dem Meere zustrebend[1]), über potentielle und kinetische Energie, die wir als Binnenwasserkraft bezeichnen. In den Gezeiten (Ebbe und Flut) und den Wogen des Meeres bieten sich gewaltige kinetische Energien dar. In den Temperaturunterschieden verschieden warmer Meeresströmungen oder Meeresschichten ist potentielle thermische Energie vorhanden[2]).

Während die Ausnutzung dieser verschiedenartigen Meereskräfte heute über theoretische Untersuchungen und Projekte wegen ihrer Kostspieligkeit und technischen Schwierigkeit kaum hinausgekommen ist, hat die Nutzung der Binnenwasserkraft seit der Entwicklung der elektrischen Kraftübertragung (Laufen-Frankfurt 1891) großen Umfang und hohe wirtschaftliche Bedeutung gewonnen.

Binnenwasserkraft oder kurz: Wasserkraft schlechtweg, ist an das Vorhandensein einer Fallhöhe, d. h. eines Spiegelhöhenunterschiedes in einem Fluß oder Bach gebunden.

Der freie Fluß verbraucht seine Fallenergie unnütz, oft sogar schadenbringend, restlos in der Überwindung

---

[1]) Vgl. S. Göschen Bd. 960 Drenkhahn, Kreislauf des Wassers und Gewässerkunde.

[2]) Nizery, A. Nouv. recherches sur l'énergie thermique des mers. Mém. Soc. Ing. de France fasc. 11/12 1947.
Claude, G. L'utilisation de l'én. therm. des mers. G. Civ. 11. 12. 1926 ff. 1927, 1928, 1929.
Bräuer, Deutsche Wasserwirtschaft 1926 S. 49.

der Bewegungswiderstände seines rauhen und unregelmäßigen Bettes. Der Wasserkraftausbau setzt diese nutzlosen Fallverluste auf ein unvermeidliches Mindestmaß herab, indem er dem fließenden Wasser ein weiträumiges, regelmäßiger geformtes und von ebenmäßigen Wandungen eingefaßtes Bett schafft und die dadurch eingesparten Fallhöhen an geeigneten Stellen zu Fallstufen und Kraftwerken zusammenfaßt, in deren Turbinen und Stromerzeugern die ersparte hydraulische Energie in mechanische und elektrische umgewandelt wird.

Für die Schaffung der Fallstufen gibt es grundsätzlich zwei verschiedene Maßnahmen (Abb. 1):

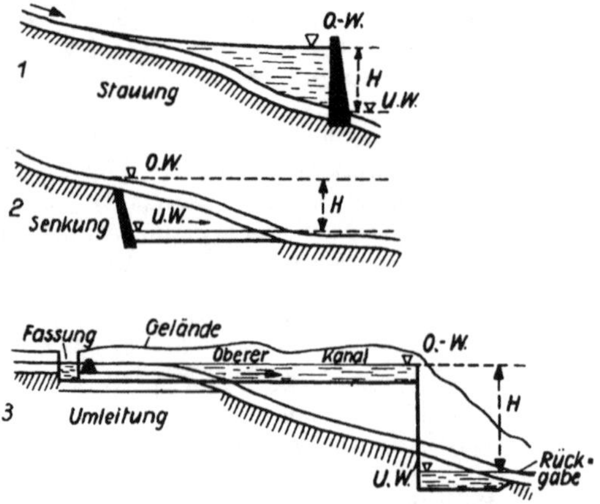

Abb. 1: Stauung (1) und Senkung (2), Umleitung (3)

1. Stauung und Senkung des Wasserspiegels im natürlichen Gewässerbett (Abb. 1, Fig. 1 und 2).
2. Umleitung des Triebwassers in seitlichen oder Flußschleifen-abschneidenden Kanälen oder Stollen (Abb. 1, Fig. 3).

Beide Maßnahmen werden oft nebeneinander in vielseitigen Kombinationen angewandt, wie Abb. 2 als Grundschema der allgemeinsten Ausbauform einer Wasserkraft andeutet[1]).

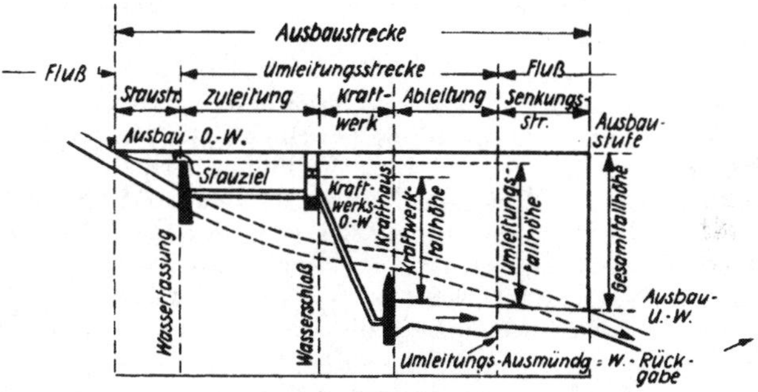

Abb. 2: Allgemeines Grundschema einer Wasserkraftanlage

Die Vielheit der naturgegebenen morphologischen, geologischen, hydrologischen und klimatischen Vorbedingungen und der Umweltverhältnisse (Siedelung, Verkehrslinien, Geländenutzung) machen jede Wasserkraftanlage zu einer individuellen Schöpfung. Dies erklärt die außerordentliche Mannigfaltigkeit der Ausbauformen der Wasserkraftanlagen schon innerhalb eines einzelnen Landes und um so mehr von Land zu Land, wofür Teil C einige Anschauungsbeispiele bietet.

2. Grundbegriffe und Maßeinheiten

Die ideelle Energie oder das ideelle Arbeitsvermögen einer Wasserkraft — gegeben durch die Komponenten Wasserfülle (Volumen) V (m³) und Fallhöhe H (m) — ist

$$E_i = \gamma \cdot V \cdot H \text{ (mt)} \tag{1}$$

(γ = spez. Gewicht des Wassers = 1 t/m³, daher im folgenden nicht mehr mitgeschrieben).

[1]) Ludin, Wasserkraftanlagen, Springerverlag 1934.

Wird statt der Wasserfülle V die bei ihrem gleichmäßigen Abfluß in t-Sekunden sich ergebende sekundliche Wassermenge (im weiteren kurzweg: Wassermenge genannt)[1] $Q = V/t$ (m^3/s) betrachtet, dann ist die von ihr sekundlich geleistete Arbeit oder ihre ideelle Leistung:

$$N_i = E_i/t = V/t \cdot H = Q \cdot H \text{ (mt/s)} \qquad (2)$$

In den Triebwasserzu- und -ableitungen und besonders in den Wasserkraftmaschinen (Turbinen) entstehen durch Reibung, Stoß, Wirbelbildung Fallhöhenverluste, so daß von der ideellen Leistung N_i nur ein Bruchteil (N) nutzbar bleibt. Man bezeichnet das (mit der Zeit und der Betriebsbelastung wechselnde) Verhältnis $N/N_i = \eta$ (3) als Gesamtwirkungsgrad der Wasserkraftanlage.

Sein Durchschnitt innerhalb einer gewissen Betriebszeit ist:

$$\eta_m = E/E_i \qquad (3\text{ a})$$

Außer dem Gesamtwirkungsgrad interessiert, und zwar mit Rücksicht auf die geschäftsübliche, vertragliche Leistungsgarantie des Turbinenlieferanten, besonders der Turbinenwirkungsgrad. Er wird sinngleich dem Gesamtwirkungsgrad aus der ideellen, der Turbine zugeführten Leistung N_{Ti} und der an der Turbinenwelle abgenommenen mechanischen Leistung N_T berech-

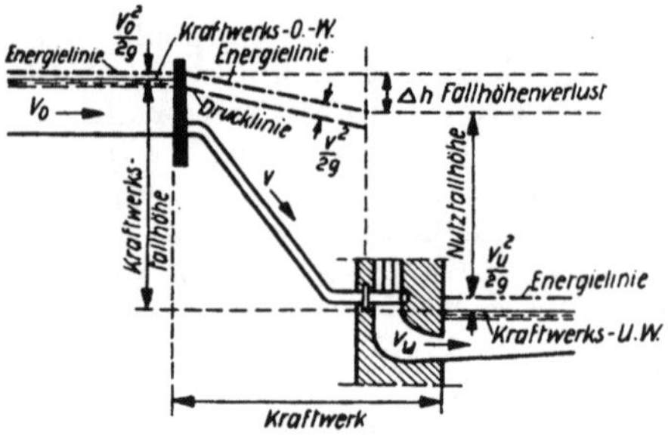

Abb. 3: Werk- und Nutzfallhöhe

[1]) Seit Eytelwein 1818 im gesamten deutschen Sprachgebiet so gebräuchlich. DIN 4049 will dafür „Abfluß" (m^3/s) und für das von uns als Wasserfülle bezeichnete absolute Volumen „Wassermenge" (m^3, hm^3) einführen, was wir aus hier nicht näher darlegbaren Gründen leider ablehnen müssen.

net. In praxi wird in der Regel von der leichter meßbaren Leistung „ab Stromerzeuger“ ausgegangen, aus der die „Wellenleistung“ der Turbine N_T unter Berücksichtigung der zu Lasten des Stromerzeugers gehenden mechanischen und elektrischen Leistungsverluste errechnet wird. Die ideelle Leistung der Turbine wird normengemäß aus der Nutzwassermenge Q_n und der Nutzfallhöhe berechnet. Hierbei ist als Nutzfallhöhe der Höhenunterschied der Energielinie[1]) vor und hinter der Turbine einzusetzen (Abb. 3).

Die Nutzleistung an der Turbinenwelle ist demnach

$$N_T = \eta_T \cdot Q_n \cdot H_n \ (\mathrm{mt/s}) \qquad (4)$$

oder in den nebeneinander üblichen technischen Leistungseinheiten kW und PS:

$$N_T = 9{,}81 \cdot \eta_T \cdot Q_n \cdot H_n \ (\mathrm{kW}) \text{ bzw. }$$
$$13{,}3 \cdot \eta_T \cdot Q_n \cdot H_n \ (\mathrm{PS}) \qquad (5)$$

Abnahmemessungen ergeben für neuzeitliche Wasserturbinen jeder Bauweise Höchstwerte des Wirkungsgrades von 0,85 bis 0,95 je nach Größe. Der Wirkungsgrad einer Wasserturbine schwankt im Betrieb mit ihrer Beaufschlagung und, da die elektrische Stromerzeugung das Einhalten einer bestimmten Drehzahl verlangt, auch mit der Fallhöhe[2]). Am wenigsten empfindlich sind in

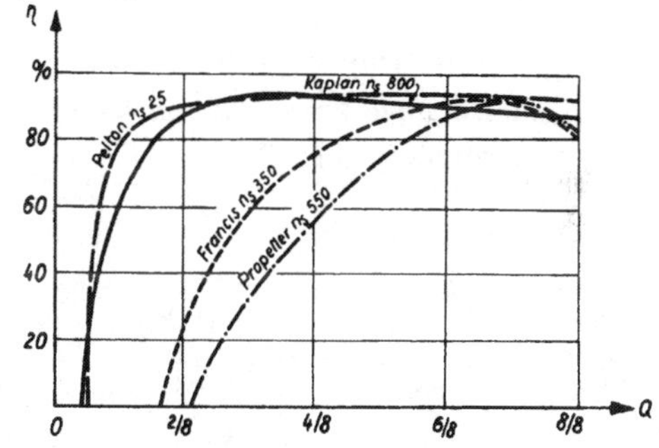

Abb. 4: Wirkungsgrad von Wasserturbinen, abhängig von der Beaufschlagung

[1]) s. Samml. Göschen Bd. 397 Hydraulik und unter 3. im folgenden.
[2]) s. Samml. Göschen Bd. 541/542 Wasserturbinen.

diesen Hinsichten die Kaplan- und Peltonturbinen (Abb. 4). Als guten Betriebsdurchschnitt kann man für Berechnung der Jahreserzeugung mit $\eta_T = 0{,}85$ bis 0,9 rechnen. Dann hat man

$$N_T = 8{,}3 \text{ bis } 8{,}7 \cdot Q_n \cdot H_n \text{ (kW)} = 11{,}3 \text{ bis } 12\, Q_n \cdot H_n \text{ (PS)} \qquad (6)$$

Die elektrische Nutzleistung ab Stromerzeugerklemmen oder ab Umspanner hochspannungsseitig ergibt sich durch Hinzufügung der entsprechenden Wirkungsgrade:

Stromerzeugerleistung

$$N_{Str} = 9{,}8 \cdot \eta_T \cdot \eta_{Str} \cdot Q_n \cdot H_n \quad \text{(kW)} \qquad (7)$$

Umspannerleistung

$$N_U = 9{,}8 \cdot \eta_T \cdot \eta_{Str} \cdot \eta_u \cdot Q_n \cdot H_n \quad \text{(kW)} \qquad (8)$$

für Stromerzeuger ist
bei Normallast $\eta_{Str.\,max} = 0{,}90$—$0{,}975$
im Durchschnitt $\eta_{Str.\,max} = 0{,}85$—$0{,}96$

für Umspanner ist
bei Normallast $\eta_{u\,max} = 0{,}97$—$0{,}985$
im Durchschnitt $\eta_{u\,max} = 0{,}92$—$0{,}975$

Für überschlägige Ermittlungen kann genommen werden

Turbinenleistung $N_T = 11 \cdot Q_n \cdot H_n$ (PS bzw. rd. $8 \cdot Q_n \cdot H_n$ (kW) (9)

Stromerzeugerleistung $N_{Str} = 7{,}5 \cdot Q_n \cdot H_n$ (kW) (10)

Das elektrische Arbeitsvermögen eines Speicherbeckens mit dem Nutzinhalt V, dessen Schwerpunkt um H_s (m) über dem Unterwasser der Turbinen liegt, ist ab Umspanner (mit 1 kWh = 367 mt) annähernd:

$$E_U = 1 \cdot V \cdot H_s \cdot \eta_T \cdot \eta_{Str} \cdot \eta_u \cdot 1/367 \qquad (11)$$

und bei Mittelwerten der Wirkungsgrade

$$E_U = V \cdot H_s \cdot \frac{0{,}825 \cdot 0{,}9 \cdot 0{,}97}{367} = \frac{2}{1000} \cdot V \cdot H_s \text{ (kWh)} \qquad (12)$$

Gebräuchliche Maßeinheiten der Wasser- und Energiewirtschaft:

1 000 000 kW = 1 000 MW (Megawatt) = 1 GW (Gigawatt)
1 000 000 kWh = 1 GWh
1 kWJahr = 8 760 kWh; 1 m^3/s = 31 536 000 m^3/Jahr.

Nach den Gleichungen 4 und 11 ist die Nutzleistung und damit auch das Jahresarbeitsvermögen einer WKA bestimmt durch die Faktoren Wassermenge, Fallhöhe und Wirkungsgrad. Die richtige Ermittlung der zwei ersten dieser Größen durch sorgfältige Vorarbeiten geodätischer und hydrologischer Natur ist für die zu treffende Beurteilung des Wertes und der Ausbauwürdigkeit der geplanten Wasserkraftanlage wichtig.

3. Fallhöhe

Fallhöhe ist normengemäß[1]) der Höhenunterschied der Wasserspiegel zweier Querschnitte eines Wasserlaufes in Meter (geodätische Fallhöhe); Gefälle ist die auf die Länge der betrachteten Flußstrecke bezogene Fallhöhe (i = H : L).

Abb. 2 zeigt schematisch die allgemeinste Gliederungsform einer Ausbaustufe. Die Gesamtfallhöhe (auch Roh- oder Bruttofallhöhe genannt) ist der Wasserspiegelunterschied zwischen Anfang und Ende der Ausbaustrecke. Ihre Unterteilung in Stau-, Umleitungs- und Senkungsstrecke mit den entsprechenden Teilfallhöhen kann durch Wegstreichen einzelner Abschnitte allen praktisch möglichen Ausbauformen angepaßt werden. Durch streckenweisen Abzug der Fallhöhenverluste (H_w), die nach hydraulischen Formeln errechnet werden[2]), erhält man mit $H_n = H - H_w$ aus der Gesamtfallhöhe (H) die verfügbare Umleitungsfallhöhe, Kraftwerksfallhöhe und schließlich die (Turbinen-)Nutzfallhöhe (Abb. 3), das ist: die verfügbare Kraftwerksfallhöhe vermindert um die Fallhöhenverluste im Kraftwerkseinlauf und in der Turbinenrohrleitung und vermehrt um die Differenz der Geschwindigkeits-

[1]) DIN 4048.
[2]) Samml. Göschen Bd. 397 Hydraulik.

höhen des oberen und unteren Endquerschnittes der Turbinenanlage $\Delta H_v = (v^2_e - v_u^2)/2g$.

Im jährlichen Betriebsablauf treten **Fallhöhenschwankungen** auf. Ihre Hauptursachen sind: Absinken des Oberwassers unter Stauziel — bei Speicherwerken oft sehr bedeutend — und Ansteigen des Unterwassers infolge Überstauens des Stauziels beim Unterlieger oder, naturnotwendig, bei Zunahme der Wasserführung des Flusses. (Die größte Fluthöhe, Anstieg H_{Fl} des HHW über MNW, pflegt in Mitteleuropa 6 bis 10 m nicht zu überschreiten, während in Südamerika und Afrika Werte wie 15 bis 20 m gewöhnlich und solche bis zu 40 m örtlich vereinzelt vorkommen.)

Die Rückstauanfälligkeit einer Wasserkraftanlage läßt sich an der auf die Fluthöhe bezogenen Nutzfallhöhe bei MNW $= H'_n = H_n/H_{Fl}$ bemessen. Ist $H'_n \leq 1$, so verschwindet die Nutzfallhöhe zeitweilig ganz (Neckar-, Main- und Weserkraftwerke).

Kanalkraftwerke erleiden um so weniger Einbuße, je größer die Umleitungsfallhöhe im Verhältnis zur Gesamtfallhöhe und zur Fluthöhe des Flusses ist (W. A. Deichow a. Bober, Abb. 12c). Die oberen Stufen einer Kanaltreppe (Abb. 14) verspüren keinen Hochwasserrückstau.

Talsperrenkraftwerke ohne längere Umleitung verlieren relativ besonders stark an Fallhöhe mit absinkendem Stauspiegel. Hochdruckanlagen als ausgesprochene Umleitungskraftwerke mit Erfassung sehr großer Fallhöhen sind am wenigsten empfindlich gegen Fallhöhenänderungen infolge Absinkens des Beckenspiegels oder Ansteigens des Unterwassers, ihr Druckabfall zwischen Stillstand und Vollast und vollem und leerem Becken erreicht aber doch infolge der wirtschaftlich notwendigen hohen Fließgeschwindigkeiten und Druckverluste in Druckstollen und Stahldruckrohren z. B. im Dixencewerk (Wallis) bei H = rd. 1740 m i. g. rd. 8 % dieser Gesamtfallhöhe.

4. Wassermenge

1. Abflußvorgang[1])

Die Wasserkraftnutzung erfaßt mit seltenen Ausnahmen[2]) unmittelbar nur den oberirdischen Zweig des Abflußvorganges, durch Entnahme des Wassers aus Flüssen und Seen. Für deren Wasserreichtum sind bestimmend: Größe und Ergiebigkeit des Niederschlags- oder Einzugsgebietes F_E (km^2). Das erstere wird von den orographischen Wasserscheiden, das letztere von den manchmal aus geologischen Gründen davon abweichenden hydrologischen Wasserscheiden begrenzt (Abb. 5). Ein für Vergleichungszwecke besonders geeignetes Maß der Ergiebigkeit sind die Abflußspende (q l/skm^2), das ist die auf die Flächeneinheit des Einzugsgebietes bezogene Abflußmenge (Q m^3/s) und deren auf bestimmte Zeitabschnitte (meist Jahre und Jahresreihen) ausgedehnten zeitlichen Mittelwerte $q = Q/F_E$; $Mq = MQ/F_E$. Die Stärke und der zeitliche Verlauf des Abflusses werden in erster Linie durch die Höhe der Niederschläge, ihre zeitliche Verteilung und ihre, temperaturbedingte, Form (Regen, Schnee) bestimmt. Von wesentlicher Bedeutung sind daneben die „Gebietseinflüsse“: Verdunstung, Vegetation, Durchlässigkeit des Untergrundes für Versickerung, unterirdische Wasserführung und Speicherung, Vorkommen von gleichfalls als Speicher wirkenden Seen und Gletschern.

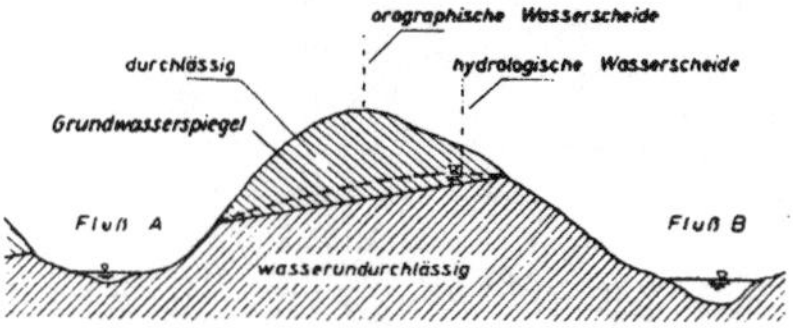

Abb. 5:
Orografische und hydrologische Wasserscheide

---

[1]) s. Samml. Göschen Bd. 54 Meteorologie und Bd. 960 Kreislauf des Wassers.

[2]) Grundwasserkraftwerk Engelberg/Schweiz.

Auf Höhe und Dauer der Hochwassererscheinungen haben daneben besonders noch die Geländeneigung, die Grundrißform des Einzugsgebietes und die Gliederung des Gewässernetzes starken Einfluß. In Tabelle 1 sind für einige deutsche Flußgebiete Kennwerte für Niederschlag und Abfluß zusammengestellt, um eine Anschauung der vorkommenden Unterschiede und Ähnlichkeiten zu vermitteln.

Tab. 1. Jahres-Niederschlags (h_N)-, Abfluß (h_A)- und Verlusthöhen (h_V), Abflußbeiwerte und Abflußspenden von deutschen Flüssen[1]).

Flußgebiet	Meßstelle	Einzugsgebiet	Mittl. Jahreshöhe in mm			Abflußbeiwert	Abflußspende l/s · km²		
		km²	h_N	h_A	h_V	h_A/h_N	MNq	Mq	MHq
Elbe	Wittenberge	123 532	601	167	434	0,28	2,0	5,1	15,9
Saale	Grizehne	23 737	613	168	445	0,27	1,39	4,62	19,7
Weser	unterh. Diemel	14 825	721	269	452	0,37	2,7	8,5	32,4
Rhein	Basel	35 929	1 210	918	292	0,75	11,9	28,8	76,8
Main	Lohr	18 201	657	187	470	0,28	—	7,8	—
Mosel	Kochem	27 100	764	334	430	0,44	2,1	9,8	69,0
Donau	Vilshofen	47 544	838	402	436	0,48	5,4	11,3	34,0
Iller	Wiblingen	2 192	1 241	901	340	0,75	10,0	28,5	200

Tabelle 1. Abflußkennwerte verschiedener Flüsse.

Als Ergebnis des Zusammenwirkens der oben umrissenen Klima- und Gebietseinflüsse zeigt der Abflußvorgang innerhalb des (in Deutschland vom 1. November bis 30. Oktober gerechneten) hydrologischen Jahres in großen Zügen eine mehr oder minder bestimmte Periodizität bei mehr oder minder großen und häufigen Einzelschwankungen. Auch die einzelnen Jahresabflußsummen schwanken (mit nicht unumstrittener — Brücknerscher — Periodizität) in Mitteleuropa um ±30 bis 40 % des langjährigen Mittelwerts.

[1]) Schleicher, Taschenbuch für Bauingenieure, Springer, Berlin 1943, S. 874.

R e g i o n a l e A b f l u ß t y p e n. Die Bilder der Abflußvorgänge aus klimatisch und orographisch-geologisch ähnlichen Einzugsgebieten zeigen naturgemäß grundsätzliche Ähnlichkeit, was benutzt werden kann, um von Gewässern mit vorliegenden langjährigen Beobachtungen auf hydrologisch verwandte ohne ausreichende Beobachtungen Wahrscheinlichkeitsschlüsse zu ziehen. Umgekehrt bilden wesentlich verschiedenartige Gebiete grundverschiedene Abflußtypen aus, die eine verschiedene Bewertung der regionalen Wasserkräfte in bezug auf ihre wirtschaftliche Nutzbarkeit bedingen können. Am deutlichsten zeigt sich dies bei dem Vergleich von Wasserläufen im Mittelgebirge und Flachland einerseits und rein alpinen des Hochgebirges andererseits. Die Wasserführung der ersteren zeigt im Jahreslauf oft zwei Anschwellungsperioden — im Vor- und Nachwinter — und zwei Niederwasserperioden, die alpine dagegen nur eine, lang anhaltende, sommerliche Anschwellung, während im Winter, der Zeit des höchsten Energiebedarfs, meist anhaltendes Kleinwasser auftritt (Abb. 6).

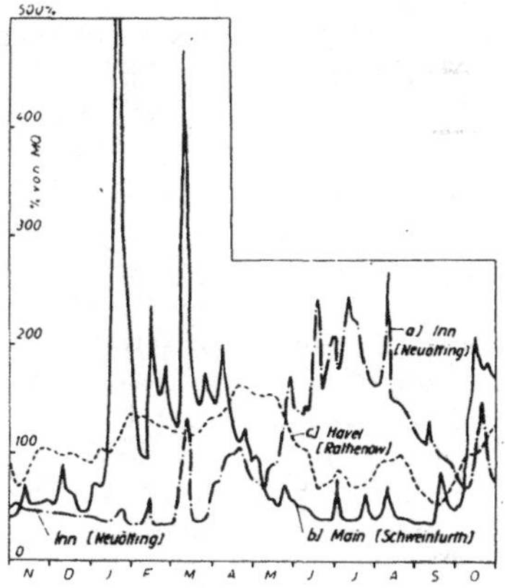

Abb. 6:
Abflußtypen in Ganglinien dargestellt

Auf Grund langjähriger Beobachtungen hat H. Keller[1]) für Mitteleuropa nachfolgende, annähernd allge-

[1]) Keller, Jahrb. für Gew.kunde Norddeutschl. Bes. Mitt. Bd. 1, Nr. 4, Berlin 1906.

K. Fischer, Niederschlag, Abfluß und Verdunstung des Weserquellgebietes, Jahrb. für Gew.-kunde Norddeutschl. Bes. Mitt. Bd. 4, Nr. 3 und Bd. 7, Nr. 2.

meingültigen Beziehungen zwischen den mehrjährig gemittelten jährlichen Niederschlags- (h_N), Abfluß- (h_A) und Verlusthöhen (h_V) aufgestellt:

$h_A = 0{,}942 \cdot h_N - 405$ in mm $h_V = 0{,}058 \cdot h_N + 405$ in mm
gültig nur für $h_N \geqq 560$ mm

für Mittelgebirgs- und Alpenflüsse (großes Abflußvermögen) gültig: $h_A = h_N - 350$ in mm
wobei $h_N \geqq 560$ mm

und für Flachlandflüsse (kleines Abflußvermögen, große Verdunstung) $h_A = 0{,}884 \cdot h_N - 460$ mm
wobei $h_N \geqq 625$ mm

Keller hat dabei schon auf den maßgebenden Einfluß der mittleren Lufttemperatur auf das Verlustglied hingewiesen, den dann Wundt näher zahlenmäßig untersucht hat[1]). Diese Beziehungen erlauben uns in Gebieten, wo langjährige Abflußbeobachtungen fehlen, Niederschlagsbeobachtungen aber seit langer Zeit vorliegen, die Abflußhöhen h_A (mm) und damit die langjährig gemittelte Abflußmenge aus $MQ = h_A \cdot F_E/31\,560$ (m^3/s) abzuschätzen, wenn wir die mittlere Jahrestemperatur kennen und danach und nach den sonstigen Gebietseigenschaften die Verlusthöhe einschätzen.

2. Beobachtung des Abflußvorganges

An den Pegelstellen der gewässerkundlichen Landesdienste werden die Wasserstände (W) durch Schwimmer- und Schreibpegel fortlaufend aufgezeichnet oder an Lattenpegeln täglich einmal abgelesen. Für vorübergehende Zwecke (Entwurfs-Vorarbeiten) werden nach Bedarf „Hilfspegel“ eingerichtet (z. B. an der voraussichtlichen Entnahme- und der Rückgabestelle). Bald danach kann mit der Aufzeichnung einer Pegelbezugskurve (Abb. 7) begonnen werden, indem gleichzeitig beobachtete Werte von Wasserständen W_A an einem Hilfspegel A

[1]) Wundt, Beziehungen zwischen Mittelwerten von Niederschlag, Abfluß, Verdunstung und Lufttemperatur. Dt. Wawi. 1937, S. 82.

und W_B an einem passend gelegenen Hauptpegel B als Abszissen bzw. Ordinaten aufgetragen werden und durch das erhaltene Punktbild eine Ausgleichskurve (oft annähernd: Gerade) gelegt wird. Nach Möglichkeit sind nur Beharrungsstände dabei zu verwenden.

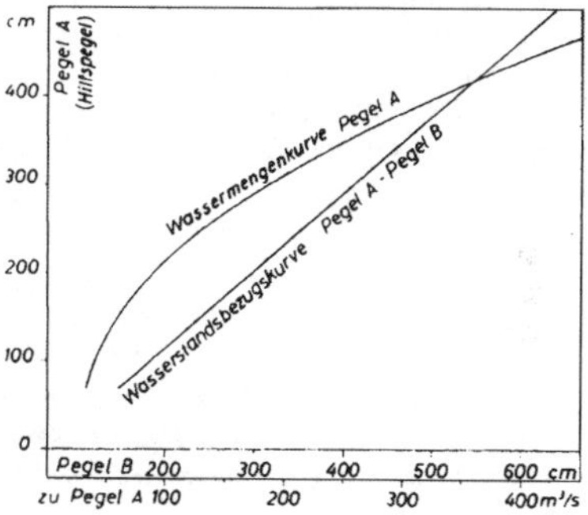

Abb. 7: Pegelbezugs- und Wassermengenkurve

Soweit das Flußbett beim Pegel (B) als hinreichend unveränderlich angesehen werden kann, darf die so ermittelte Bezugskurve als auch für frühere Jahre gültig angesehen und zur Umrechnung der B-Pegellisten oder -aufzeichnungen in entsprechende A-Pegellisten oder -aufzeichnungen verwendet werden.

Zur Auswertung auf die den A-Pegelständen entsprechenden Wassermengen ermittelt man auf Grund sorgfältiger Wassermessungen die Beziehung zwischen Wasserstand am Pegel A und gleichzeitiger Wasserführung in seinem (oder einem benachbarten messungsgünstigeren) Querschnitt; danach kann man die Punktegrundlage zur Verzeichnung der „Abflußkurve“ (oder Wassermengenkurve) A (Abb. 7) aufzeichnen und schließlich die Liste oder graphische Auftragung der täglichen Wasserführung am Pegel A mit ihr ableiten. Zeitsparend ist es, die beim Pegel A gemessenen Wassermengen Q_A über den gleichwertigen Pegelständen W_B aufzutragen. Man kann dann die Q_A-Listen (bzw. -Auftragungen) unmittelbar aus den W_B-Listen ableiten und spart die Aufstellung von W_A-Listen (oder Auftragungen), die oft an sich nicht benötigt werden (vgl. Abb. 8).

3. Bestimmung der Wassermenge

Der anwendbaren Verfahren und Geräte wichtigste sind[1]): Die punktweise oder integrierende Geschwindigkeitsmessung mit dem Meßflügel [1])—[4]) für kleine bis größte Gewässer mit nicht zu unebenem Bett und nicht zu wilder Turbulenz,
die Salzgeschwindigkeitsmessung für kleine und kleinste Gewässer mit nicht zu unregelmäßigem Bett,
die Salzverdünnungs- oder Titrationsmessung für kleine und kleinste Gewässer mit sehr unregelmäßigem Bett und starkem Gefälle.

Die indirekte Messung durch rechnerische Auswertung der Beobachtung der Stauhöhe an gesetzmäßig ausgebildeten scharfkantigen Meßwehren[5]) oder Venturigerinnen[6]) für kleinste bis mittelgroße Gewässer erlaubt fortlaufende Aufschreibung der Wassermengen durch Selbstschreibepegel.

Wegen näherer Einzelheiten sei auf Slg. Göschen Bd. 960 und das umfangreiche Sonderschrifttum verwiesen.

4. Hydrographische Auswertung der hydrologischen Beobachtungen

An Hand der angesammelten Gangliniendiagramme der Selbstschreibepegel oder der — laufend sorgfältig überprüften — Listen der täglichen Ablesungen am maßgebenden Hauptpegel[7]) (B) trägt man die fortlaufende Ganglinie der Wasserstände (sofern diese selbst weiter-

---

[1]) F. Schaffernack, Hydrographie, Springer, Wien 1945.

[2]) Schweiz. El.techn. Verein, Regeln f. W.-Turbinen 1947.

[3]) W. Henn, Grundlagen der Wassermessung mit dem hydrometrischen Flügel, VDI-Forschungsheft Bd. 77 2. XII. 1933.

[4]) Meßgeräte für Abfluß und Wasserstand. Landesanstalt für Gewässerkunde und Hauptnivellements 1938.

[5]) Th. Rehbock, Wassermessungen mit scharfkantigen Überfallwehren. Z. VDI Nr. 24, 1929.

[6]) F. Engel, Z. VDI, Bd. 77, 2. 12. 1933.

[7]) Verzeichnisse der tägl. Pegelstände und z. T. auch der Abflußmengen enthalten die regelmäßig erscheinenden Jahrbücher der Bundes- und Landesanstalten für Gewässerkunde (oder hydrograf. Ämter), in Deutschland: München, Stuttgart, Bonn, Karlsruhe, Düsseldorf usw.

hin benötigt werden) auf (Abb. 8). Mit Hilfe einer Zahlentafel $Q_A = f(W_B)$ oder einer in geeigneter Neigung auf ein verschiebbares Pausblatt gezeichneten geraden

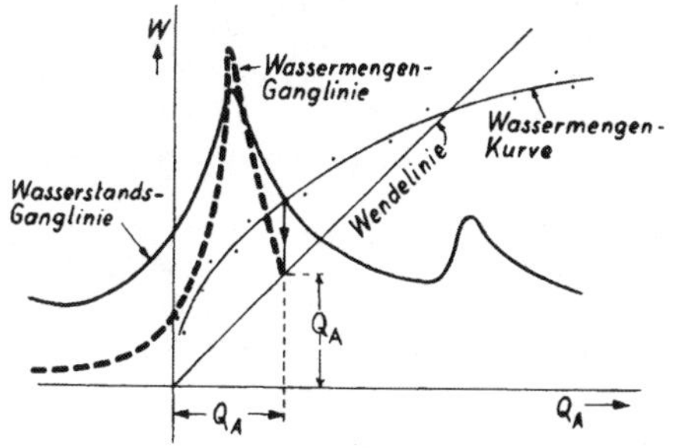

Abb. 8: Ableitung der Wassermengen- (Abflußmengen) ganglinie aus einer Wasserstandsganglinie

„Wendelinie" und der dazu gezeichneten Wassermengenkurve (W_B, Q_A) kann man daraus Punkt für Punkt die Ganglinie der Wassermengen am Pegel A ableiten. Die Auftragung dehnt man nach Bedarf über den ganzen als zuverlässig erkannten Beobachtungszeitraum des maßgebenden Hauptpegels (B) aus, der womöglich 30 bis 20 Jahre umfassen sollte.

Die Ganglinien geben zwar einen vollkommenen, sehr anschaulichen Überblick über den zeitlichen Verlauf der Wasserstände und Wassermengen, machen aber die weitere wasserwirtschaftliche Auswertung und Untersuchung, z. B. in bezug auf entsprechende Nutzfallhöhen, Nutzleistungen, verfügbare und fehlende Energie einer in Planung genommenen Ausbaustrecke sehr umständlich und zeitraubend. Das praktische Bedürfnis nach einer kompendiösen, weniger Arbeit machenden Untersuchungsart und -grundlage befriedigen die im folgenden beschriebenen „Dauerlinien" und für Werke mit langfristiger Speicherung, die „Summenganglinien", beide mit ihren abgeleiteten „Ausbeutelinien".

5. Dauerlinien

a) Allgemeines

Während für alle mit langfristiger Aufspeicherung und späterer Wiederentnahme (Talsperren, Seeregulierungen) arbeitenden Wasserkraftanlagen der zeitliche Gang der schwankenden Wasserdarbietung von entscheidender Bedeutung und daher in der weiteren Verarbeitung unverändert beizubehalten und zu berücksichtigen ist, spielt er bei der wasser- und energiewirtschaftlichen Untersuchung von Werken ohne Langspeicherung (Laufwerken) eine geringere Rolle. So genügt es oft, nur die über das Jahr oder eine Reihe von Jahren summarisch er-

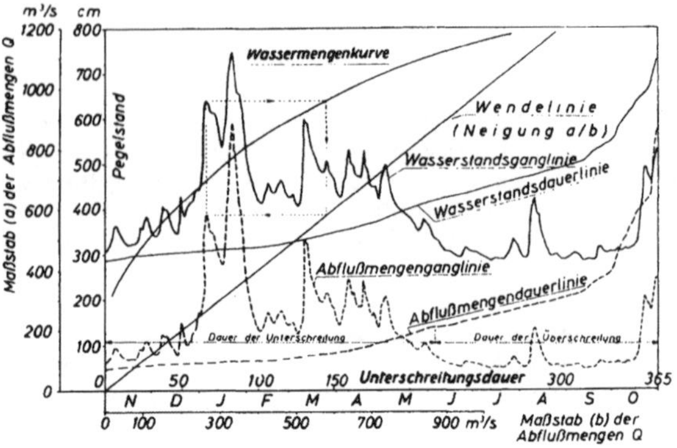

Abb. 9: Gang- und Dauerlinien von Wasserstand und Wassermenge

mittelte Häufigkeit und Dauer des Auftretens der vorkommenden Abstufungen der Wasserstände und Wassermengen zu erfassen und zeichnerisch in der Häufigkeitslinie und deren Integrale: der Dauerlinie, darzustellen (Abb. 9). Die Häufigkeitslinie ist in Slg. Göschen Bd. 960 erläutert, ihre Aufzeichnung bietet keinen praktischen Vorteil. Die Abszissen der Dauerlinie der Wasserstände (B) können entweder rechnerisch durch stufenweise Auszählung und schließliches Addieren der Häufigkeit der in Stufen von 1 oder 2 dcm zusammengefaßten Pegelstände ermittelt und nachträglich aufgetragen werden; oder sie werden rein zeichnerisch aus der Ganglinie durch summierendes Abgreifen der Überschreitungsdauern beliebiger Pegelstände bestimmt. Erklären kann man die Dauerlinie am einfachsten als „Ordnungslinie" der täglichen Pegelstände, Wassermengen usw., d. h. als Ergebnis der Umordnung der Ordinaten der Ganglinie nach ihrer Größe. Es empfiehlt sich, zunächst die Dauerzahlen der Pegelstände (B) abflußjahrweise gesondert zu berechnen und danach die Jahresdauerlinien im gemeinsamen Koordinatennetz aufzutragen, weil dabei die Unterschiede im Wasserdargebot der einzelnen Jahre eindrucksvoll in Erscheinung treten. Schließlich aber wird man die „langjährig-mittlere Dauerlinie" verzeichnen, und zwar grundsätzlich nur auf Grund „waagrechter" Mittelbildung, d. h. Berechnung der arithmetischen Mittel der Überschreitungsdauern der einzelnen Pegelstände vom kleinsten bis zum größten beobachteten. Es ist der unersetzbare[1]) Vorzug der Dauerlinie, daß sie jeden auch nur einmal beobachteten Wert unverfälscht bewahrt und mit dem „Gewicht" seiner Häufigkeit zur richtigen wasser- und energiewirtschaftlichen Auswirkung kommen läßt. Daher kann man die mittlere Dauerlinie auch jeder anderen dem Pegelstand zugeordneten Größe, z. B. der Wassermenge (Q_A) mittels Wendelinie unmittelbar aus der Dauerlinie der Pegelstände (W_B) ableiten, spart also die Aufzeichnung der Ganglinie (Q_A)! Will man die jahreszeitlichen Unterschiede der Wasserdarbietung nicht verwischen lassen, so wird man statt Jahresdauerlinien etwa Halb- oder Vierteljahresdauerlinien oder letzten Endes monatliche Dauerlinien zeichnen. Über räumliche Zusammenstellung

[1]) aber leider noch von vielen verkannte!

der monatlichen Dauer- und Inhaltslinien zum Dauer- und Inhaltsgebirge und dessen ebene Abbildung durch Schichtlinien als Jahresdauer- und Inhaltsplan siehe Ludin, Bedarf und Dargebot, 1932, und Wasserkraftanlagen, 1934, Springer, Berlin.

b) Mittelwerts-Dauerlinien

Der Gedanke lag verführerisch nahe, aus den ineinandergezeichneten Jahres-Ganglinien einer mehrjährigen Beobachtungsreihe durch „senkrechte" Mittelbildung eine den Abfluß kennzeichnende Ganglinie der tageweise langjährig gemittelten Wassermengen abzuleiten. Aber dieses, die natürlichen Schwankungen stark verwischende Verfahren ist (wie Ludin in „Die Wasserkräfte" I, S. 64, schon 1913 nachgewiesen hat) mit dem systematischen Fehler behaftet, bei der wasserwirtschaftlichen Grundaufgabe der Defizitbestimmung zwischen Bedarf und natürlicher Darbietung die vor allem interessierenden Fehlbeträge stets zu klein anzugeben. Derselbe Mangel haftet auch dem das Wesen der Dauerkurve verkennenden Versuch an, eine langjährige mittlere Dauerlinie durch „senkrechte" Mittelbildung der zu gleichen Dauerwerten gehörigen Ordinaten der einzelnen Jahresdauerlinien abzuleiten. Man wird daher gut tun, keine Arbeit auf die Zeichnung von „senkrecht" gemittelten Gang- und Dauerlinien zu verschwenden. Dagegen ist es eine sinn- und wertvolle Ergänzung eingehenderer energiewirtschaftlicher Untersuchungen, die Wassermengen-Gang- und Dauerlinien einzelner den Schwankungsbereich abgrenzender und kennzeichnender Jahre z. B. des (oder der) wasserärmsten und wasserreichsten und eines (oder zweier!) „mittlerer", d. h. etwa den langjährigen Abflußdurchschnitt erbringender Jahre herauszuzeichnen und deren Wasser- und Energiehaushalt nach den später angegebenen Verfahren vergleichend zu untersuchen. Im Gebrauch von Bezeichnungen wie Mittleres Jahr, Normaljahr und dgl. dagegen ist Zurückhaltung geboten.

Die weiteren, energiewirtschaftlich wichtigen Eigenschaften und Verwendungsmöglichkeiten der Dauerlinien und der oben erwähnten Summenganglinien werden im Kap. 7 entwickelt.

B. Planung und Ausbau

5. Die verschiedenen Arten der Wasserkraftanlagen

1. Die einzelne Wasserkraftanlage

Wasserkraftanlagen können nach verschiedenen Gesichtspunkten beurteilt und klassifiziert werden.

Ausgehend von der gesamten eingebauten Maschinenleistung oder Ausbauleistung unterscheidet man (Zwerg-)[1], Klein-, Mittel-, Groß- (und Riesen-) Kraftwerke, mit den noch nicht einheitlich anerkannten Grenzen 0 bis 100; 101 bis 1000; 1001 bis 10 000; 10 001 bis 100 000; über 100 000 kW. Die Größe einer einzelnen Maschine hat heute 100 000 kW schon überschritten (z. B. Grand Coulee-USA 18 Einheiten zu 120 000 kW = 2 160 000 kW).

Nach der Fallhöhe unterscheidet die deutsche Normung Nieder- und Hochdruckanlagen mit der Grenze bei 50 m. Die derzeitigen oberen und unteren Grenzen liegen bei 1,0 m Fallhöhe in kleinen Niederdruckanlagen und 1771 m Gesamtfallhöhe im Winterspeicherwerk Reißeck-Kreuzeck in Kärnten. Über Mitteldruckanlagen vgl. S. 31.

Nach der Ausbauform unterscheidet man Staukraftwerke (Abb. 10—12), und zwar: Wehr- oder Flußkraftwerke und Talsperrenkraftwerke (Eder-, Saaletalsperre, u. Abb. 12b). Gegenstücke dazu sind Umleitungskraftwerke, und zwar Kanalkraftwerke (Nieder- und Mitteldruck) (Mittlere Isar, Deichow [12c, 47]) und

[1]) Die (. . . .) Bezeichnungen sind nicht so allgemein gebräuchlich wie die anderen.

Stollenkraftwerke meist mit Druckstollen und Druckrohrleitung oder Druckschacht und meist zur Hochdruckgruppe gehörig (Abb. 50, 56), aber auch im Nieder- und

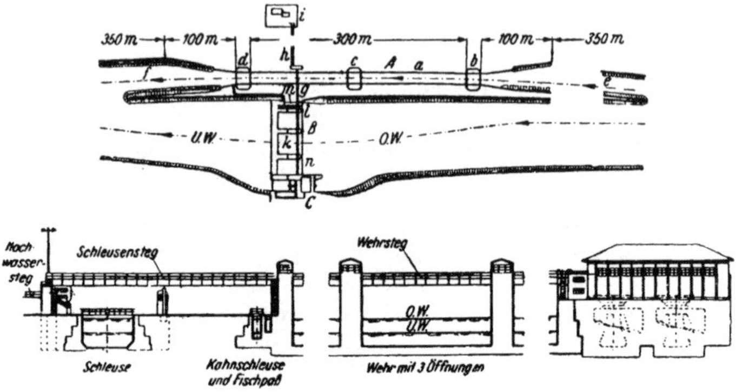

Abb. 10 a und b: Mainstaustufe Randersacker Lageplan und Flußquerschnitt

Mitteldruckgebiet vorkommend (Lavey/Ob. Rhône, T. Rdschau, Nr. 2—5, 1951).

Abb. 11: Niederdruckanlage Gars (Inn)

Nach der Form des W a s s e r haushalts und des davon abhängigen Betriebs unterscheidet man

Laufkraftwerke mit 24stündig durchgehender Belastung in völliger Anpassung des Wasserhaushalts an den natürlichen Zufluß und

Speicherkraftwerke mit Aufspeichern und Abmahlen des Zuflusses, um auch die den Laufkraftwerken entgehenden Hochwassermengen oder die infolge Bedarfsmangels nicht nutzbaren Nachtzuflüsse auszunutzen und die Wasserverarbeitung den Schwankungen des Bedarfs anzupassen.

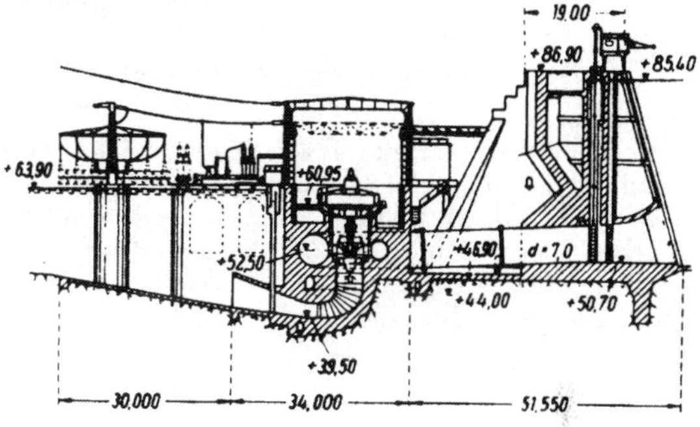

Abb. 12 a und b: Mitteldruckwerk Bonete (Rio Negro-Ur.)

Nach dem zeitlichen Ausgleichvermögen unterscheidet man dabei Kurz- und Langspeicher (Tages-, Wochen-, Jahres- und Überjahresspeicher).

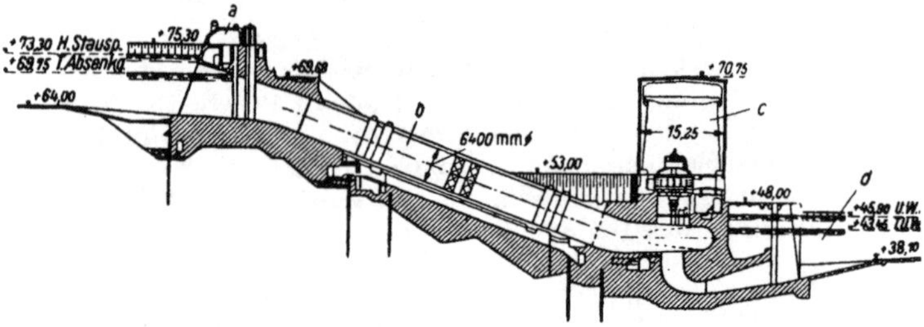

Abb. 12 c: Mitteldruckwerk Deichow (Bober)

Die Kurzspeicher dienen entweder als „Schwellbecken" zum Anpassen eines gleichmäßigen Zuflusses an einen kurzperiodisch schwankenden Bedarf, oder als „Ausgleichbecken" zum Rückverwandeln des durch Schwellbetrieb ungleichförmig gemachten Abflusses in einen gleichmäßigen (mit Rücksicht auf Unterlieger!).

2. Wasserkraftsysteme, Gesamtausbauten

Bei der Planung von Wasserkraftanlagen hat dem Ausbau einer einzelnen Stufe die Aufstellung eines wasserwirtschaftlichen Gesamtausbauplanes eines ganzen Flußlaufes (Hochrhein)[1] oder sogar eines oder mehrerer vollständiger Flußsysteme (Sangro, Italien[2]), Schluchsee, S. 113; Tauernwerke, Festschrift 1951) vorauszugehen, weil nur so die nach Umfang und Darbietungsform bestmögliche Ausnutzung der insgesamt verfügbaren Energie gewährleistet ist.

---

[1]) Die Hochrheinschiffahrt Zürich. Woche 9. 10. 1953.
[2]) L'Energ. Elett., Aug. 1951.

Bei der energiewirtschaftlichen Planung ist stets gleichzeitig die volkswirtschaftlich beste Ausnutzung des insgesamt verfügbaren Wassers im Hinblick auf die Ansprüche aller sonstigen wasserwirtschaftlichen Interessen und Möglichkeiten auf dem Gebiete der Landwirtschaft, Siedelung, Wasserversorgung und Abwasserbewirtschaftung, des Wasserverkehrs, der öffentlichen Gesundheitspflege und nicht zuletzt des Landschaftsschutzes zu berücksichtigen.

Nachfolgend sind die Hauptmerkmale der verschiedenen Ausbauformen herausgestellt.

3. Niederdruckanlagen ($H_n \leq 25$ m)[1]

Sie werden als Flußstaue oder als Kanalstufen gebaut, und sind dadurch gekennzeichnet, daß sie die gesamte Fallhöhe im Krafthaus zusammenfassen, ohne Druckrohre zu benötigen, wie die Mittel- und Hochdruckanlagen. Flußstaustufen (Abb. 11) haben wegen Verringerung des Gesamtumfanges der wasserführenden Bauteile und damit der von der Ausbauwassermenge abhängigen Kosten den Vorteil höherer Ausbaumöglichkeit und damit weitergehender Erfassung der Flußwassermengen. Sie sind besonders an Strömen und größeren Flußläufen — z. B. Donau, Inn, Hoch- und Oberrhein — und für Flußstrecken mit $J \leq 1$ m/km Gefälle die gegebene Lösung. Bei niedrigen Flußufern wird die Stauhöhe durch ausgedehnte Siedelungen, Verkehrswege usw. oder wertvolle landwirtschaftliche Kulturen beschränkt. Bau von Rückstaudämmen (mit Vorflutgräben und Pumpwerken dahinter) oder Aufhöhen des tiefliegenden Geländes kann höheren Stau auch unter solchen Bedingungen zulassen, erhöht aber die Gesamtbau- und Unterhaltungskosten. In den tiefen mittleren und unteren Strecken einer Haltung müssen u. U. Sinkstoffablagerungen in

---

[1]) Nach Dinorm 4648 < 50. Jede Zahlenfestsetzung geht naturgemäß nicht ohne eine gewisse Willkürlichkeit ab. Wir möchten aber aus sachlichen Gründen die Zwischenstufe der Mitteldruckwerke mit H = 25 — ~ 100 m nicht ausschalten lassen.

Kauf genommen werden, deren Abspülung nur teil- und zeitweise möglich zu sein pflegt.

Die von Natur verfügbare Gesamtfallhöhe einer längeren Flußstrecke wird durch den übergreifenden Staffelausbau an Stelle des früher üblichen „lückenhaften" (Abb. 13) weitestgehend nutzbar gemacht. Ein Höherstau am Wehr um beispielsweise 1,0 m erzeugt je

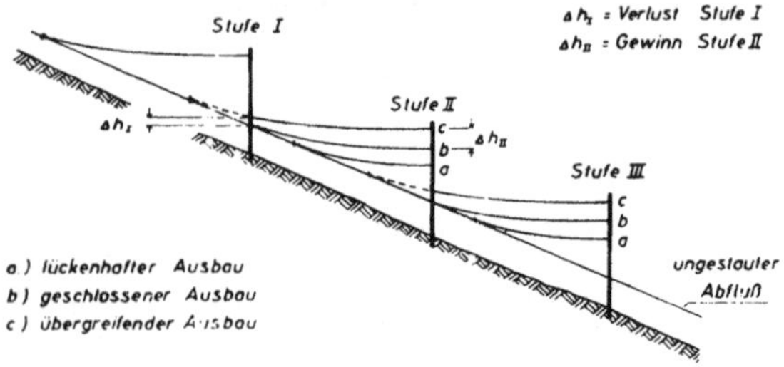

Abb. 13: Staffelflußausbau

nach Verhältnissen beim Oberlieger vielleicht nur einen Rückstau von 0,4 m, erhöht also die Summe der Nutzfallhöhen beider Werke um 0,6 m. Die vom Unterlieger erzielte Mehrerzeugung wird nach zu treffendem Übereinkommen und jährlicher Abrechnung möglichst gerecht auf beide Interessenten verteilt (Beispiel Rheinkraftwerke Birsfelden als Unterlieger und Augst-Wyhlen als Oberlieger). Die wirtschaftlich günstigste Rückstauhöhe (bei angenommener oder gegebener Wehrentfernung) ist durch vergleichende Studien von Fall zu Fall festzustellen. „Stauzielhöhe des Unterliegers gleich natürlichem Mittelwasserstand beim Oberlieger" kann als rohe Faustregel vor feinerer Untersuchung angenommen werden. Unterstützt wird die als nie voll erreichbares Ideal anzustrebende „restlose Fallhöhenausnutzung" durch „Senkung" (Abb. 1) der Unterwasserspiegel mittels Profilregulierungen, Baggerungen, Sprengungen. Auch im Staubereich können Profilregulierungen (aus Ausführungsgründen: über MNW!) namentlich in felsigen Engstrecken von Nutzen sein (Laufenburg im Hochrhein). Diese sich in der Praxis immer mehr durchsetzende verfeinerte Ausbauform der Flußstaukraftanlagen erleichtert bzw. ermöglicht und verbessert gleichzeitig die Schiffbarkeit.

Im ganzen gesehen ist der Stautreppenausbau oder Staffelflußbau dem Umleitungsausbau privat- und volkswirtschaftlich meist überlegen. Er vermeidet die dem Gemeinwohl zuwiderlaufende Schädigung der übrigen wasserwirtschaftlichen Anliegerinteressen, wie sie mit dem einseitigen Umleitungsausbau (z. B. am Oberrhein, Basel—Straßburg) in einschneidender und dort nicht einmal durch nachweisbare privatwirtschaftliche Kostenvorteile begründbarer[1]) Weise verbunden ist. Andererseits ist bei zunächst nur im Schiffahrtsinteresse unternommener Kanalisierung von Flußläufen (Main, Neckar)[2]) die Mitausnützung der Staustufen für Energiegewinnung in der Regel lohnend. In 16 damals vorhandenen Mainkraftstufen der Rhein-Main-Donau-AG. (RMD) fielen 1949 rund 600 GWh Jahresarbeit an[3]). In 17 weiteren z. T. im Bau befindlichen Anlagen zwischen Würzburg und Bamberg werden künftig weitere 260 GWh Jahresarbeit gewonnen werden. Ausleitungen aus dem Fluß mit längeren Kanälen können dort angebracht sein, wo in weiten flachen Tälern Siedlungen, Landeskultur, Verkehrslinien in Verbindung mit durchlässigem Untergrund einen hohen Flußaufstau erschweren oder verbieten. Die umfangreichen Erdbewegungen der Kanäle sind aber auch noch bei der heutigen hohen wirtschaftlichen Leistungsfähigkeit des Großgeräts teuer und erst bei Flußgefällen von mindestens etwa 1 m/km oder bei der Möglichkeit Schleifen abzu-

[1]) Rümelin, Der Staffelflußbau, 1920; Ludin, Hämmerle, 1940, unveröffentlichter Ideenentwurf; Kupferschmidscher Entwurf Karlsruhe, unveröff.

[2]) Vgl. Samml. Göschen Bd. 597 und 585 Dehnert, Verkehrswasserbau.

[3]) A. Kaspar, Die Rhein-Main-Donau-Großschiffahrtsstraße. Die Wasserwirtschaft 1948/49, H. 1. Festschrift der Rhein-Main-Donau-AG.

schneiden vertretbar. Größere Gesamtfallhöhen werden dabei in der Regel in mehrstufigen Treppenkanälen ausgebaut (Abb. 14). Die Verpflichtung, eine nicht zu knappe Rest- oder Pflichtwassermenge im Flußbett zu belassen und evtl. dieses durch zahlreiche kleine Stauschwellen[1]) oder „Kulturwehre" besser gefüllt zu halten, schränkt

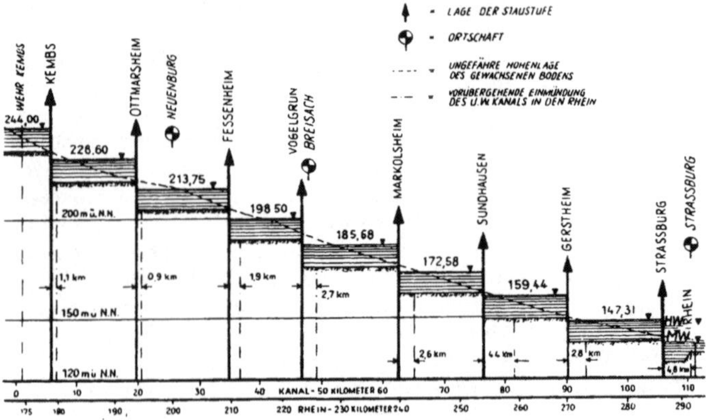

Abb. 14: Treppenkanal (großer Elsaßkanal)

die Wassernutzung ein, ohne die mit der Umleitung oft verbundene schwere allgemeine wasserwirtschaftliche Schädigung ungeschehen machen zu können.

Ist der Triebwasserkanal gleichzeitig Schiffahrtskanal, dann darf die mittlere Fließgeschwindigkeit aus Sicherheits- und wirtschaftlichen Gründen ein gewisses Höchstmaß (0,7—1,00 m/s) je nach Größe des Querschnittes und der Schiffe nicht überschreiten. Diese Begrenzung der Fließgeschwindigkeit bedingt eine Verteuerung des Kraftkanals. Die im Elsaßkanal unterhalb der Stufe Kembs jetzt projektierten Geschwindigkeiten v_m = 1,20 m/s und $v_{max.}$ = 1,60 m/s werden von den inter-

[1]) Das Spitzenkraftwerk Deichow am Bober ZVDJ und hier Seite 95.

nationalen Schiffahrtskreisen als bedenklich hoch angesehen.

Beim Kanalausbau wie beim Staffelflußbau wird die natürliche Geschiebeabfuhr und bei höheren Stauen auch die Sinkstoffbewegung gestört; vielfach bleibt kein anderer Ausweg als dauernd zu baggern (Inn, S. 78), gegebenenfalls in Verbindung mit zeitweiligen Spülungen und Stauabsenkungen bei höherer Wasserführung.

4. Mitteldruckanlagen H = 25 bis 100 m

Ihr Ausbau ähnelt dem der Niederdruckanlagen insofern, als auch das Einlaufwerk mit der Turbinenkammer und dem Saugrohr in einem einzigen Baublock zusammengefaßt ist; nur bedingt die größere Fallhöhe, daß der Übergang vom Einlauf zur Turbinenkammer (Spirale) durch ein „Druckrohr" erfolgen muß, das dem Baublock ein- oder aufgebaut sein kann (Abb. 12, 43).

Beim Bau von Talsperren als „Mehrzweckanlagen" zum Ausgleich des Abflusses im Interesse von Hochwasserschutz, Niedrigwasseranreicherung, Trinkwasserbeschaffung, landwirtschaftlicher Bewässerung oder Speisung von Schiffahrtskanälen wird der Abfluß häufig in einem am Fuß der Sperre errichteten „Talsperrenkraftwerk" ausgenutzt (Saaletalsperre, Tennesseetal). Zur Erzeugung der hierbei als Nebenprodukt anfallenden Energie sind dabei nur verhältnismäßig kleine zusätzliche Aufwendungen zu machen (Druckrohre und Turbinenhaus). Daher kann ein solcher Ausbau lohnend sein, obwohl die Fallhöhe relativ stark schwankt und die zeitliche Form der Wasserabgabe der Sperre nicht immer den Bedürfnissen der Energieversorgung allein angepaßt werden kann. Solche Talsperren mit Fallhöhen unter 50 m einzig und allein für Kraftnutzung zu erstellen, ist unter deutschen Verhältnissen wegen der Unständigkeit der Leistung infolge der starken Fallhöhenschwankung und bei den verhältnismäßig zu hohen Baukosten in der Regel wirtschaftlich nicht tragbar. Bei ungewöhnlich günstigen Ausbau-Vorbedingungen (großen

Wassermengen, großem Staubecken im Verhältnis zur Stauhöhe) können indes auch reine Talsperrenkraftwerke ohne wesentlich unterstützende Nebenzwecke wirtschaftlich sein (Rio Negro[1]), W. A. Génissiat[2]), W. A. Zezere[3]).

Kanal-Mitteldruckwerke kommen naturgemäß weniger häufig vor (z. B. Shannon, Irland, Mittlere Isarstufen, W. A. Deichow, am Bober [Abb. 12c, 45]). Wegen der dabei sich ergebenden, viele Kilometer langen Umleitungen ist in den letzten Jahrzehnten in Deutschland die Entwicklung dahin gegangen, diese Ausbauformen zu vermeiden.

Bei Mitteldruck-Stollenwerken stehen sich als wichtige Sonderfälle gegenüber Oberstollenwerke (die gebräuchlichste Ausbauform der Hochdruckwerke), Unterstollenwerke: eine besonders in Schweden verbreitete, aber auch sonst nicht ganz fehlende Ausbauform mit Schachtkraftwerk an der Wasserfassung und Wasserabführung in einem tiefliegenden, meist drucklosen, Unterwasserstollen (s. S. 103, Harsprånget, ferner Friedingen/Donau, Rheinau/Hochrhein)[4]).

5. Hochdruckanlagen

Wasserkraftanlagen mit Fallhöhen über 100 m sind in der Regel ausschließlich Umleitungsanlagen, oft in Verbindung mit einem hohen Stauwerk (Talsperre). Von einem Fassungswehr im Flußlauf oder einer Talsperre fließt das Wasser durch eine meist mehrere Kilometer lange Umleitung in Gestalt von Freispiegel-, Druckstollen, Hangrohrleitungen oder Hangkanälen in schwachem Gefälle dem Wasserschloß und von diesem durch die Apparatekammer und die Fallrohr- oder Turbinendruckleitung (oder einen Druckschacht) dem Krafthaus

[1]) Ludin, Der Vollausbau des Rio Negro (Uruguay); D. Wawi. 1954/55.
[2]) L. Archinard, L'aménagement du Rhône et l'Usine de Génissiat. Schw. W.- u. En.wirtsch 1947, Nr. 9.
[3]) Le barrage de Castelo Do Bode et l'aménagement du Zezere (Portugal). Le Génie Civil. Bd. 127, H. 13.
[4]) Das Proj. d. Kraftwerks Rheinau, SBZ 32, 1951.

zu, von diesem wieder zum Fluß (Abb. 15a) oder zu einer zweiten, dritten Hochdruckstufe (Abb. 56). Kennzeichen der typischen Hochdruckstufe ist also die völlige bauliche „Auflösung“ des „Kraftwerks“ (Abb. 2) in drei selbständige Bauwerke: Einlauf (hinter dem Wasserschloß)—Fallrohrleitung und Krafthaus. Die erreichbare Höhe der Einzelstufe konnte mit dieser Bauweise schon nahe an 2000 m getrieben werden.

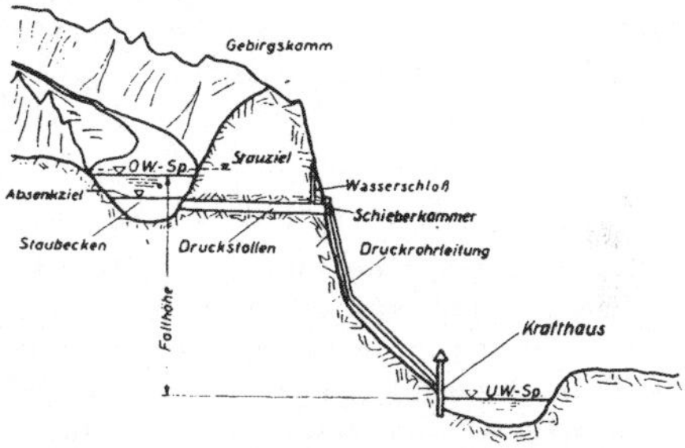

Abb. 15 a: Hochdruckanlage (schematisch)

Abb. 15 b: Hochdruckanlage Häusern (Schluchseewerk AG.)

Hochdruckstufen sind die gegebene Ausbauform des Gebirges, wo die ihnen eigenen längeren Umleitungen nicht die Fülle von Nachteilen bringen, wie in den weiten Tälern der Sammelflüsse. — Dieses Zugeständnis sollte indes nicht zur Inanspruchnahme auch des letzten freien Waldbaches verleiten. Gebirgsflüsse mit über 5 m/km Gefälle geben die besten Voraussetzungen für diese Ausbauform.

6. Speicherkraftanlagen

Bei günstigen morpho-geologischen und sonstigen Umweltbedingungen setzt man im Gebirge mit zunehmender Vorliebe Speicherbecken vor die Druckstollen der Hochdruckwerke. Sie ermöglichen die im Gebirge besonders schnell und stark wechselnden Abflußmengen auszugleichen, die zeitlich verschieden anfallenden Hochwassermengen zu späterer Verwendung aufzufangen und kommen dabei vielfach dem energetischen Ideal der „Erfassung auch des letzten Tropfens" nahe, während sie gleichzeitig eine weitgehende Anpassung der Wasserabgabe an stark und schnell schwankenden Energiebedarf ermöglichen. Häufig ist der Zufluß aus dem kleinen natürlichen Einzugsgebiet zur Füllung eines an sich günstigen großen Staubeckens unzulänglich, so daß Möglichkeiten der Beileitung von Zuschußwasser aus benachbarten Einzugsgebieten durch Hangleitungen, Freispiegel- oder Druckstollen unter Umständen in Verbindung mit Aufpumpen[1]) gesucht werden müssen, (Tauernkraftwerk Glockner-Kaprun[2]) und Möllbeileitung, Schluchsee S. 113).

Natürlich können solche, durch ihre Großartigkeit bestechenden Überleitungspläne manchmal schwere Interessenkonflikte selbst internationaler Reichweite herauf-

[1]) So aus der Talsperre Cleuson in die Dixencetalsperre im oberen Rhônetal.

[2]) Tauernkraftwerke AG, Die Hauptstufe Glockner-Kaprun, Festschrift 1951.

beschwören. Sperrenbauten im Hochgebirge mit langen Beileitungen sind stets sehr kostspielig; ihre Wirtschaftlichkeit bedarf daher besonders scharfer Prüfung, ist aber um so eher nachzuweisen, je größer die von dem Speicher (oder den Speichergruppen) beherrschte Gesamtfallhöhe und die Möglichkeit ist, die Energieerzeugung auf die Zeit des größten allgemeinen Energiebedarfs (Winter) zusammenzudrängen. Ihre größte Wirtschaftlichkeit erzielen solche Großspeicherwerke daher in der Regel erst im Verbundbetrieb mit anderen, nicht speicherfähigen Wasserkraftwerken und mit großen Wärmekraftanlagen, deren Betriebsverhältnisse durch Übernahme der ungünstigen Belastungsspitzen auf die Speicherwerke außerordentlich verbessert werden (vgl. S. 62).

7. Pumpspeicherwerke

In ihnen wird billiger Überschußstrom, der in den Laufwerken und großen Kohlekraftwerken ausgedehnter Versorgungsnetze zeitweise, namentlich nachts, anfällt, auf dem Wege der hydraulischen Energiespeicherung in hochwertigen Spitzenstrom umgewandelt oder „veredelt“. Mit dem Abfallstrom wird Wasser aus einem Tiefbecken in ein hochgelegenes Becken gedrückt, aus dem es zur Erzeugung des am Tage benötigten Spitzenstroms durch Turbinen wieder in das Tiefbecken zurückgeschickt wird. In der Regel bestehen die senk- oder waagerecht angeordneten Maschinensätze der Pumpspeicherwerke aus einem Motorgenerator, an den einerseits die oft mehrstufige Pumpe, andererseits eine Turbine, abkuppelbar oder zum Laufen in Luft eingerichtet, angebaut ist (Abb. 16). Sie werden nach Möglichkeit nahe dem Verbrauchsschwerpunkt des Verbundnetzes angelegt und dabei an Örtlichkeiten, die günstige Geländebedingungen für die Schaffung der beiden Becken bieten. Das Hochbecken muß durch Einschnitt und Umwallung auf geologisch geeigneten Hochflächen künstlich geschaffen werden, wenn nicht eine ohnedies zu erstellende Talsperre als Hochbecken mitbenutzt werden kann. Als Tiefbecken dient oft vorteilhaft eine ohnedies vorhandene Stauhaltung eines Flußkraftwerkes.

Bei den für deutsche Verhältnisse zweckmäßigen großen Werkleistungen von 100 bis 200 MW sind Fallhöhen von 200 bis 400 m besonders wünschenswert, damit Maschinen-, Druckrohr- und Beckenabmessungen

Abb. 16: Pumpspeicherwerk (Modellaufnahme Kraftwerk Witznau der Schluchseewerk AG.)

nicht zu groß ausfallen. Sehr wirtschaftlich und besonders vorteilhaft sind Pumpspeicherwerke in unmittelbarer baulicher Verbindung mit Langspeicherwerken (Schluchsee S. 115, Schwarzenbach, Saalesperren). Die zusätzliche Ausbaukosten verursachenden Werksteile beschränken sich hier auf die Pumpen und ihren Raumbedarf im oder unter dem Krafthaus.

Der Zyklus der Pumpspeicherung umfaßt meist 24 Stunden bis eine Woche, aber bei den zuletzt erwähnten Langspeicherwerken ganze Jahre. In der Illsee-Pumpspeicheranlage[1]) wird die in der Schweiz reichlich überschüssige Sommerenergie benutzt, um Wasser in ein 980 m höher gelegenes weites Becken hinaufzupumpen, das erst im Winter wieder zur Erzeugung dann besonders hochwertiger Energie in einer tief unter das Pumpwerk reichenden zweistufigen Kraftanlage (Gesamtfallhöhe 1714 m) abgearbeitet wird. 1 kW Leistungsaufwand an den Pumpen bringt hier 1 kW Leistung. Der Wirkungsgrad ist trotzdem nicht etwa = 100%, wie man manchmal rechnen hört!

Neben ihrer stromveredelnden Arbeitsweise bieten Pumpspeicheranlagen große allgemein-betriebliche Vorteile, nämlich schnelle Einsatzbereitschaft ($1^1/_2$ bis 3 Minuten) als „Momentanreserve“, mehrstündige frei regulierbare Leistungsreserve und geringe Ansprüche an Wartung. Der Wirkungsgrad liegt, gerechnet zwischen ankommender und ausgehender Höchstspannungsleistung im Betriebsdurchschnitt meist bei 55 bis 58%; etwas über 40% der zugeführten Energie werden also durch Verluste im Pump- und Turbinenbetrieb und der zweimaligen Umspannung aufgezehrt.

8. Kleinwasserkraftanlagen

Kleinwasserkräfte (unter 1000 kW Werkleistung) werden, je nach Geländeverhältnissen, wie die großen Wasserkräfte als Nieder-, Mittel- und Hochdruckanlagen und äußerlich auch sonst ähnlich wie größere Wasserkräfte ausgebaut. Statt eines erstmaligen Neuausbaues einer bisher ungenutzten Kleinwasserkraft ergibt sich öfter die Aufgabe in der Form des Umbaues einer tech-

[1]) M. Preiswerk. Illsee-Pumpspeicheranlage, SBZ 1943. H. 12.

nisch veralteten Mühlen- oder Fabrikwasserkraft mit Wasserrädern oder langsam laufenden Turbinen und mechanischem Antrieb der Betriebsmaschinen. Diese alten Anlagen sind meist sehr nieder ausgebaut, nämlich nur für 11 - 10 - 9monatlich überschrittene Wassermengen und mit niedrigen festen Wehren, unregelmäßigen, zu seichten und engen Werkkanälen mit zu starkem Gefälle ausgestattet. Durch Einbau neuzeitlicher Turbinen für höhere, 8- bis 6monatige Wasserführung, Dichtung und Erhöhung des Wehrs durch betriebssichere bewegliche Wehraufsätze, Profilregelung, Erweiterung und Abdichtung des Werkkanals läßt sich oft die Energieausbeute um mehr als 100 % steigern, so daß sich mit dem technischen Ausbau zugleich die energiewirtschaftliche Aufgabe der Nutzbarmachung der, z. T. unständigen, Überschußenergie ergibt.

Eine der einfachsten Möglichkeiten dafür ergibt sich im Anschluß der in der Spannung des Ortsnetzes ausgelegten Stromerzeuger an dieses, wodurch zugleich Bezug von Zusatz- oder Reservestrom bei Wassermangel und Betriebsstörung gewonnen wird. Die Stromerzeuger werden bis zur Leistung von 75 kW als Asynchrongeneratoren gebaut, wodurch Bauweise und Betrieb an Einfachheit gewinnen. Die Kleinwasserkraftanlagen werden meist als Laufwerke betrieben, die Bedienung besorgt im Nebenamt ein ortsansässiger Handwerker oder ein Mann aus dem angeschlossenen Gewerbebetrieb (Müller usw.). Sich bietende örtlich günstige Möglichkeiten der Schaffung von Speicherbecken können, trotz der damit verbundenen Erhöhung der Bau- und Betriebskosten, wegen der wesentlich höheren Bewertung von Speicherstrom in der Regel mit wirtschaftlichem Vorteil ausgenutzt werden. Die Einschaltung der Kleinwasserkräfte in die öffentliche Elektrizitätswirtschaft hat sich trotz anfänglichen Widerstrebens mancher Überlandzentralen in Deutschland weitgehend durchgesetzt, mit dem Ergebnis, daß durch den Einbezug der Kleinwasserkraftanlagen 2 bis 3 % des jährlichen Gesamtstrombedarfs großer Netze aus Kleinwasserkräften von 30 bis 1000 kW Einzelleistung gedeckt sind, die dabei nahe an die Grenze ihrer Erzeugungsfähigkeit ausgenutzt werden[1]).

9. Gezeitenkraftwerke oder Flutkraftwerke

wollen den zweimal in 24 Stunden an jedem Punkt der Meeresküste auftretenden Tidehub, d. h. den Wasserspiegelunterschied zwischen Ebbe und Flut als Nutzfallhöhe in einseitig oder zweiseitig durchströmbaren Niederdruckturbinen zur elektrischen Stromerzeugung ausnutzen. Hierzu bedarf es der Schaffung mindestens

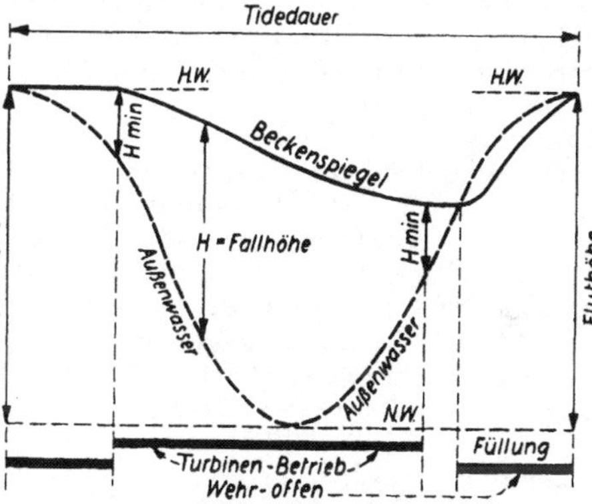

Abb. 17: Flutkraftnutzung, Ganglinien des Außen- und Binnenwasserspiegels und Betriebsschema beim Einbeckensystem. (Bem.: Im Betriebsabschnitt links außen ist das Wehr geschlossen.)

eines großflächigen Speicherbeckens, das durch Abdeichung einer günstig geformten Meeresbucht oder einer Strommündung gewonnen werden kann.

In den Abschlußdamm wird eine Turbinenanlage und ein Ausgleichwehr eingebaut; beide Bauwerke werden

[1]) B. Jansen, Kleine und kleinste Wasserkräfte im Verbundbetrieb, ZVDI 1941, H. 34. Christaller, Südw.deutsch. Wawi.-Verband 3. X. 1950, Anlage 2.

abwechselnd geöffnet und geschlossen wie Abb. 17 veranschaulicht. Nach Füllung des Beckens durch das Ausgleichwehr bis auf Fluthöhe wird das Wehr geschlossen, die Turbinenanlage aber erst einige Zeit danach in Betrieb gesetzt, sobald das Außenwasser mit zurückgehender Flut die mindestens nötige Fallhöhe freigegeben hat. Sie bleibt während der Ebbe und der erneut anlaufenden Flut in Betrieb, wobei der Beckenspiegel absinkt, bis das Wiedererreichen der Mindestfallhöhe zum Abschluß der Turbinenanlage und zum Öffnen des Ausgleichwehrs veranlaßt. Nachdem das Becken wieder gefüllt und der Flutscheitel darin erreicht ist, wiederholt man dieses Spiel. Die Turbinenanlage arbeitet also mit mehrstündigen Unterbrechungen und dazwischen mit stark schwankender Fallhöhe und Leistung.

Durch Schaffung zweier oder mehrerer Becken, in deren Trennungsdämme abwechselnd arbeitende Turbinenanlagen eingebaut werden, ferner noch durch eine in beiden Richtungen durchströmbare Turbinenbauweise lassen sich die Unterbrechungen der Stromerzeugung vermeiden und ihre Schwankungen vermindern, aber doch der Natur der Dinge nach nie ganz ausgleichen. Diese betrieblichen Verbesserungen gehen augenscheinlich um den Preis erhöhter Kosten der umfangreichen und schwierig herzustellenden Bauten und der bei den auftretenden niedrigen Fallhöhen sehr schweren und langsamlaufenden Maschinen. Der Nachteil der täglich zweimaligen Schwankung der Nutzfallhöhe wird noch verschärft durch die im Monats- und Jahresablauf sich abspielende Schwankung des täglichen Tidehubes in von Küste zu Küste sehr verschieden weiten Grenzen, wodurch die tägliche Arbeitsleistung sehr unständig wird. Diese Umstände erklären die Tatsache, daß die durch ihre Großartigkeit bestechende Idee der neuzeitlichen Gezeitenkraftnutzung in Riesenanlagen von einigen 100 MW trotz langjähriger eifriger Vorstudien noch nirgends zur Verwirklichung kam. Die erste Großanlage ist z. Z. in Frankreich im Bau (La Rance).

An der deutschen Nordseeküste bewegen sich die mittleren Tidehübe zwischen 2 bis 3,5 m, was sich wirtschaftlich gesehen als viel zu wenig herausgestellt hat[1], [2], [3]. Die größten mittleren Tidehübe treten auf an Teilen der französischen und englischen Atlantikküste, im südlichsten Südamerika und ost-nördlichsten Nordamerika mit Zahlen von 7 bis 12 m. Hier entstanden die unausgeführten großen Projekte:

in England[4], [5]: Severnmündung mit H = 6,8 bis 14,5 m
800 MW 23 650 GW/Jr.

in Frankreich[6], [7]: Rance bei St. Malo mit H = 3,3 bis 11,5 m
360 MW 7000 GWh/Jr.

in USA/Canada[8]: Passamaquoddy Bay mit H = 3,4 bis 7,9 m
345 MW 15 430 GWh/Jr.

6. Grundfragen der Planung von Wasserkraftanlagen

Wasserkraftanlagen werden im Hinblick auf einen zu befriedigenden Leistungs- und Energiebedarf geplant, dessen Entwicklungsmaß, -form und -tempo nicht immer leicht im voraus abzuschätzen sind.

Das Leistungs- und Energiedargebot einer Wasserkraftanlage hängt nach Größe und Beständigkeit unter gegebenen örtlichen Verhältnissen des Flußgefälles und des Abflußregimes ab vom:

---

[1] van Heys, Flutkraftwerke. ETZ 1940, H. 1.
[2] J. Frank, Über Gezeitenkraftwerke und die Möglichkeit ihrer Errichtung an der deutschen Nordseeküste, Elektrizitätswirtsch. 1939, H. 8.
[3] W. Stürzenacker, Die tech. u. wirtschaftl. Grundlagen f. d. Gewinnung v. Gezeitenenergie, 1929, VDI-Verl. Berlin, mit Weltkarte d. Fluthöhen.
[4] Pauly, Elektr. Wirtsch. 1949, H. 8.
[5] Headland, Tidal Power and the Severn Barrage. Proc. the Inst. Electr. Engin. Jg. 96 u. 97.
[6] Labadié, La Rance, Elektr. Verwert. (Zürich), Jan. 1950, u. Electricité Febr./März 1953.
[7] P. Hermès, Baie du Mont St. Michel, G. Civ., H. 16, 1950.
[8] H. Schütte, Tide-Kraftwerke, B. I. 1949, H. 1.

1. Ausbaugrad (Verhältnis Ausbauwassermenge/mittlere Wassermenge).
2. Ausbauumfang (Gesamtfallhöhe).
3. Speicherausbaugrad der Anlage.

1. Der Ausbaugrad

Mit wachsender Ausbauwassermenge (Q_v) wächst zwar die (in Abb. 18 als randschraffierte Fläche erscheinende) Jahressumme der erfaßbaren Wasserführung und deren Jahres-Mittelwert MQ_n. Aber der gleiche Zuwachs ΔQ_v an Ausbauwassermenge bringt eine zunehmend geringere Vermehrung der mittleren Nutzwassermenge $\Delta MQ_n = \Delta Q_v \cdot T_v$. Diese durch die Form der Q-Dauerlinie bedingten Zusammenhänge werden durch folgende Kennwerte zahlenmäßig erfaßt, die in Schaulinien als Funktion der Ausbauwassermenge bzw. ihrer Überschreitungsdauer dargestellt werden können:

$$\text{Flußausbaugrad} = \frac{\text{Ausbauwassermenge}}{\text{mittl. verfügb. Wasserm.}} = Q_v/MQ_1$$
$$= (\text{Flächen GCEF/ABDEF})$$

$$\text{Flußnutzungsgrad} = \frac{\text{mittl. nutzb. Wasserm.}}{\text{mittl. vfgb. Wasserm.}} = MQ_n/MQ_1$$
$$= (\text{Flächen GBDEF/ABDEF})$$

$$\text{Werknutzungsgrad} = \frac{\text{mittl. nutzb. Wasserm.}}{\text{Ausbauwassermenge}} = MQ_n/Q_v$$
$$= (\text{Flächen GBDEF/GCEF}$$

2. Der Ausbauumfang

wird durch die Größe der erfaßten Ausbaustrecke und damit der Gesamtfallhöhe festgelegt (Abb. 2). Dabei sind die Absatzverhältnisse, ihre Entwicklungsaussichten, auch die Finanzierungsmöglichkeiten u. a. m. ebenso zu berücksichtigen wie die rein bautechnischen, morphologischen, geologischen und wasserwirtschaftlichen Bedingungen.

Allgemein sind bei den anzustellenden Vergleichsuntersuchungen folgende Gesichtspunkte zu beachten:

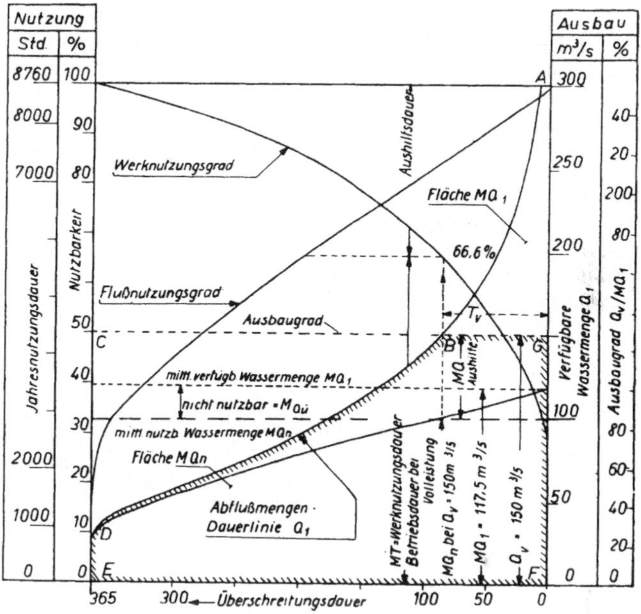

Abb. 18: Fluß- und Werknutzungsgrad im Leistungsdauerbild
Bem.: An 3 Stellen lies m^3/s statt $m^3/_s$!

a) Bei Nieder- und Mitteldruckanlagen

Der schädliche Einfluß des Hochwasserrückstaues wiederholt sich an jedem Kraftwerk. Dies spricht neben anderen Gesichtspunkten für Beschränkung der Zahl und entsprechende Vergrößerung der Höhe der Staustufen oder der Länge der Umleitungen. Im übergreifenden Staffelflußbau (S. 28) bzw. mehrstufigen Kanalbau (S. 14) liegen weitere Verbesserungsmöglichkeiten der anzustrebenden weitestgehenden Ausnutzung der Gesamtfallhöhe.

Der Betrieb der Kraftwerke, und bei Flußkanalisierungen auch der Schiffahrt, gewinnt mit zunehmender Stufenhöhe an Einfachheit und Wirtschaftlichkeit. Diese und später zu streifende konstruktiv-wirtschaftliche Zusammenhänge erklären die tatsächliche Entwicklung zu immer höherem Ausbauumfang (Fallhöhe) der Einzelstufen. Die im Einzelfall zu beachtenden natürlichen Grenzen sind gegeben durch topographische und geologische Verhältnisse und die Ansprüche von Landeskultur, Siedelung und Verkehrswirtschaft an das Talgelände. Die Landschaftsschönheit pflegt durch die Schaffung zusammenhängender Flußstauseen (Ruhrstauseen)[1]) sehr zu gewinnen, während lange Kanäle durch Verödung der Flußbetten sie schwer schädigen können.

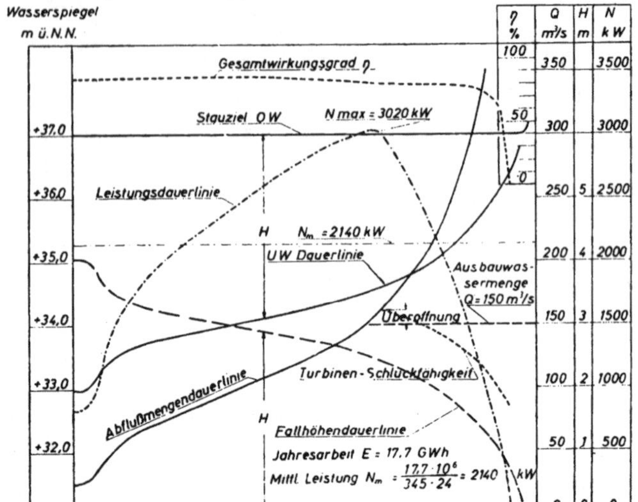

Abb. 19: Leistungsplan einer Niederdruckanlage

[1]) Prüß, Wasserwirtsch. an der Ruhr. Straße u. Verkehr, H. 4, 1953.

b) Bei Hochdruckanlagen

Ihr naturgegebenes Gebiet ist das Gebirge, wo die weitgehende scharf ausgeprägte Gliederung des Gewässernetzes in Verbindung mit den geologischen Naturbedingungen in erster Linie bestimmend für die Einteilung in Ausbaustrecken ist. Als eine wichtige Planungsrichtlinie ist aber auch hier das Streben nach immer größeren Werkfallhöhen festzustellen. Doch bedarf es im Einzelfall oft erst langwieriger, sorgfältiger Untersuchungen, ob eine Tal-Gesamtfallhöhe von z. B. 1 400 m vorteilhafter in 1, 2 oder mehr Stufen auszubauen ist (Oberhasliwerke)[1]. Die höchstmögliche Fallhöhenausnutzung im ganzen wird auch hier angestrebt, obwohl es im Gegensatz zu den Niederdruckwasserkräften mit ihren großen Wassermengen weniger auf jeden cm Nutzfallhöhe als vielmehr auf jeden Sekundenliter erfaßbaren Wassers ankommt.

3. Der Speicher-Ausbaugrad

Unter dem Speicher-Ausbaugrad ($\overline{J_n}$) einer WKA verstehen wir das Verhältnis: Speichernutzinhalt (J_n) zu mittlerer verfügbarer Jahresabflußfülle (MV_1) J_n/MV_1. In welchem Maße bei einem bestimmten Speicherausbaugrad der natürliche verfügbare Zufluß dem Bedarf angeglichen und damit nutzbar gemacht werden kann, läßt sich nur durch eine nähere Untersuchung des Wasserhaushalts der Anlage feststellen. Das Ergebnis dieser Untersuchung ist die nutzbare Jahresausbeute MV_n, deren Darstellung in „Ausbeutelinien“ weiter unten erläutert werden wird.

Der Ausbaugrad von Langspeichern wird um so höher gewählt werden müssen, je mehr die Gangform des Energiebedarfs von derjenigen der natürlichen Wasserdarbietung abweicht, je weniger gute Speichermöglichkeiten und je weniger bodenständige Wärmekraftquellen

---

[1]) vgl. S. 107.

(Kohlen, Öl) das Land besitzt (weil Speicherraum bis zu einer gewissen Grenze durch vermehrten Wärmekrafteinsatz im Verbundbetrieb zu ersetzen ist).

7. Wasser- und Energiewirtschaft[1])

1. Bedarf und Dargebot

Energieversorgungsunternehmen und Industriebetriebe haben keinen gleichmäßigen Leistungs- und Energiebedarf (LB und EB); dieser ist vielmehr rhythmischen täglichen und jahreszeitlichen Schwankungen unterworfen, die sich in Belastungsganglinien und über Jahr und Tag in Belastungsgebirgen übersichtlich darstellen lassen (Abb. 20). Wasserdarbietung und Fallhöhe bestimmen andererseits in einer Wasserkraftanlage das Leistungs- und Energiedargebot (LD und ED), das jahreszeitlichen und zufälligen Schwankungen unterliegt.

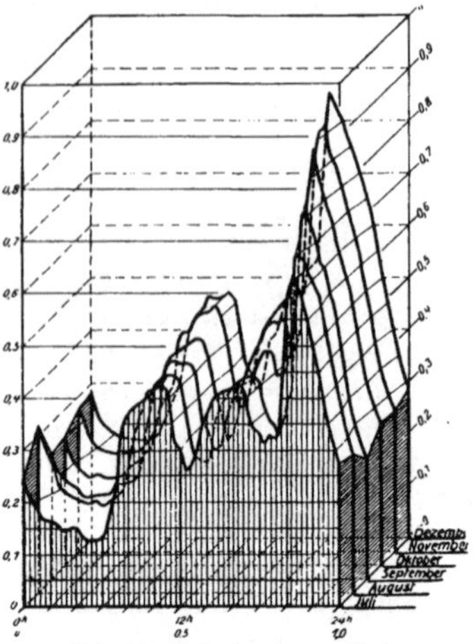

Abb. 20: Belastungsganglinien, Belastungsgebirge

Die allgemeine Elektrizitätsversorgung, die elektrischen Bahnen und Industriebetriebe sind auf sichere, volle Deckung ihres jeweiligen Leistungsbedarfes eingestellt; ihre Belieferung mit „Pflichtstrom“ aus Wasserkraft setzt eine entsprechend hohe ständige Leistung („Primakraft“) voraus. Große metallurgische und chemische Industrien können in gewissen Grenzen und bei

[1]) Ludin, Wasserkraftanlagen, Springer-Verlag, Berlin 1934.

frühzeitiger Voranmeldung Schwankungen der Strombelieferung hinnehmen. Sie begnügen sich mit den mehr oder minder unständigen Teilen der Wasserkraftdarbietung, beziehen dafür aber auch diese „Sekundakraft“ (z. B. alpine „Sommerkraft“) wesentlich billiger. Unständige Wasserkräfte können durch Parallelschaltung mit Aushilfskraftwerken zur Lieferung ständiger Energie und regelbarer Leistung über ihre natürliche Kleinwasserleistung hinaus befähigt werden. Als Aushilfswerke können Wärmekraftanlagen („Dampfreserven“) oder Wasserkraftanlagen mit andersförmigem Abflußregime (z. B. alpines neben mittelgebirgischem) oder Speicherkraftwerke dienen. Die Entwicklung der Elektrizitätsversorgung zu einer ganze Länder und Ländergruppen zusammenfassenden Großverbundwirtschaft hat mit ihren weitausgreifenden Hoch- und Höchstspannungsleitungen diese Ausgleichmöglichkeiten verbessert, vervielfacht und dadurch der Nutzbarmachung auch sehr unständiger Wasserkraft großen Vorschub geleistet.

2. Energiewirtschaftliches Rechnen

a) Saubere Unterscheidung zwischen Leistung (L oder N in kW) und Arbeit oder Energie (E in kWh) ist erstes Gebot!

b) Im Vergleichen von Bedarf (B) und Dargebot (D) (jeweils bezüglich L und E!) sind einige Grenz- und Kennwerte nützlich (jeweils unter Berücksichtigung der Betriebsperiode — Jahr — Jahreszeit — Tag).

	Dargebot	Bedarf
Höchstleistung (oder Spitze):	HLD	HLB
Mindestleistung (ständige Leistung):	NLD	NLB
Mittlere Leistung:	MLD	MLB

HLB ist für die vorzusehende Ausbau- oder Volleistung (N_v) des Werkes (oder einer Werksgruppe) maßgebend. NLD ist zusammen mit dem gleichzeitig möglichen HLB maßgebend für den ungedeckten Leistungsbedarf, also für die nötigenfalls zu beschaffende Aushilfsleistung. Als NLD wird praktisch meist nicht der ganz selten auftretende allerniedrigste, sondern ein etwas häufigerer, z. B. dem mittleren Niedrigwasser entsprechender, Wert gesetzt[1]).

c) Mittlere Jahresleistung ist der Quotient von Jahresenergie und Stundenzahl ML = $E_{Jr}/8760$ (jeweils auf B und D anwendbar!).

d) Eine wichtige Kennziffer für Gleichmäßigkeit und Ständigkeit von B und D ist die mittlere Belastungsziffer: b_m = MLB/HLB (Kennwert der Bedarfsform) auch ausdrückbar als mittlere Benutzungsdauer:

$$MT = b_m \cdot 8760 = (ML/HL) \cdot 8760 = \frac{E_{Jahr}}{HL_{Jahr}} = h/Jahr$$

Beispiel: Wasserkraftanlage mit Aushilfsstrombezug

Leistung	Energie GWH/Jahr	Daher mittl. Benutzungsdauer h/Jahr
Ausbaul. N_v = 20000 kW	Verfügbar ED = 130 GWH	6500
Ständige MNN = 8000 kW	Nutzbar EB_n = 105 GWh	5250
Höchstlast HLB = 17000 kW	Höchstlast gleichzeitig mit MNN = 15000 kW	
Energiebedarf =	EB = 110 GWh	6475
Nötige Aushilfsleistung 15000—8000 = 7000 kW	Nötige Aushilfsenergie 110—105 = 5 GWh	715 (!)

[1]) Wegen des Einflusses des Hochwasserrückstaues auf die ständige Leistung von Niederdruckkraftwerken vgl. Seite 12.

3. Betriebs- und Ausbaupläne

Sie werden aufgestellt, um Unterlagen zu bieten für wirtschaftlich richtige Bemessung des Ausbaugrades (Ausbauwassermenge Q_v) und des Ausbauumfanges (Fallhöhe H) sowie um Aufschluß zu geben über die Ausbeute an erzeugbarer und nutzbarer Energie und Leistung sowie über den Bedarf an Aushilfsenergie und -leistung als Grundlage der Berechnung der Jahreskosten und der erzielbaren Einnahmen.

a) Leistungsplan[1]) (Dauerbild) (Abb. 18 u. 19)

Das Arbeiten mit Dauerlinien („horizontal"-langjährig gemittelten!) ist nur bei Lauf- oder bei Kleinspeicherkraftwerken und bei annähernd unveränderlichem Verlauf der Tagesbelastung zulässig. Bei jahreszeitlich veränderlichem Pflichtbedarf und Stromwert ist die Untersuchung quartals- oder monatsweise getrennt durchzuführen. Im Leistungsdauerbild werden aufgetragen: die Dauerlinien der verfügbaren Wassermengen (Q_1), der Oberwasserspiegel (OW) und Unterwasserspiegel (UW). Die Ordinatendifferenzen der OW- und UW-Dauerlinie ergeben — gegebenenfalls unter Abzug von Fallverlusten in Umleitungen — die Nutzfallhöhendauerlinie (H_n). Auch für den Turbinenwirkungsgrad (η_T), läßt sich eine Dauerlinie zeichnen, die bei Anlagen mit mehreren Maschinensätzen der Zahl der jeweils in Betrieb zu nehmenden Einheiten entsprechend aus mehreren Ästen zusammenzusetzen ist. Danach ist auch die Dauerlinie der Leistungswerte

$$N = 9{,}81 \cdot Q \cdot H \cdot \eta_T \text{ (kW)}$$

leicht zu berechnen.

Bei Kaplanturbinen ist das „Muscheldiagramm" (Q, H, N) zu benutzen und die Kavitationsgrenze der Beaufschlagung zu beachten. Beim Auftreten größerer Wassermengen als Ausbauwassermenge kann durch „Überöffnen" die Schluckfähigkeit

[1]) Ludin, Niederdruckwasserkräfte, Dissertation, Karlsruhe 1910.

erhöht und trotz Abfalls der Fallhöhe und des Turbinenwirkungsgrades die Ausbauleistung in begrenztem Umfang gehalten werden.

Für überschlägige Berechnung der Leistung empfiehlt es sich, wenn der Einfluß größerer Fallhöhenschwankungen auf Schluckvermögen und Wirkungsgrad der Turbinen berücksichtigt werden soll, die reduzierte Nutzfallhöhe

$$H_r = H - (H_T - H)/2$$

zu benutzen, wobei H = wirkliche, veränderliche Nutzfallhöhe, H_T = Konstruktionsfallhöhe der Turbine. Ableitung[1]): Nach vielen Turbinenbremsungen[2]) ist bei unveränderlich gehaltener Konstruktions-Drehzahl der Turbine die relative Zu- oder Abnahme der Turbinenleistung N bei Über- bzw. Unterschreitung der Konstruktionsfallhöhe H_T der Turbine $1^1/_2$mal so groß wie die relative Zu- bzw. Abnahme der Nutzfallhöhe H.

$$(N_T - N)/N_T = 1^1/_2 \cdot (H_T - H)/H_T$$

wobei mit $e = 9{,}81\,\eta$, $e_T = 9{,}81\,\eta_T$:

$N_T = e_T \cdot Q_T \cdot H_T$ (Konstruktionsgrößen);

$N = e \cdot Q \cdot H$ wirkliche Größen und

$N = e_T \cdot Q_T \cdot H_r$ (Definition für H_r) ist.

Bei Wasserkraftanlagen mit Schwellbecken (Kurzspeicher) ist bei annähernd unveränderlichem Tagesbelastungsdiagramm oder bei unständiger Leistungsabgabe der Leistungsplan für die Leistungs- und Energieberechnung gleichfalls zu verwerten, denn der Einfluß des Schwellbetriebs auf die UW-Höhe kann in einfacher Weise berücksichtigt werden.

Die verfüg- und nutzbare Energie erhält man schließlich durch Ausmessen der Fläche unter der Leistungsdauerlinie. Bei vergleichender Untersuchung verschiedener Ausbaugrade (Q_v, N_v) verzeichnet man zweckmäßig die „Inhaltslinie", d. h. die Integrallinie der Leistungsdauerlinie in Abhängigkeit vom Ausbaugrad. Sie ähnelt der Kurve des Werknutzungsgrades in Abb. 18. Während letztere aber nur die Ausnutzung des Wasserdargebots erkennen läßt, erfaßt die Inhaltslinie der Leistungs-

[1]) Ludin, Wasserkräfte, Springer, 1913, S. 46.

[2]) Pfarr, Wasserturbinen, Springer.

dauerlinie das Produkt von Wassermenge, Fallhöhe und Wirkungsgrad und damit den in Abb. 19 ersichtlichen typischen Verlauf der Leistungsdauerlinie mit dem Leistungsabfall im Bereich des Wasserüberschusses. Weil eine solche Integrallinie die funktionelle Abhängigkeit der Energieausbeute vom Werkausbaugrad angibt, gehört sie zu der Klasse der für wirtschaftliche Untersuchungen wichtigen „Ausbeutelinien", denen wir sogleich auch im Bereich der Anlagen mit Langfrist-Speicherung begegnen werden.

b) Energie- und Wasserhaushaltsplan

1. Summenganglinien

Bei Jahresspeicherung (Talsperrenbetrieb) muß die zeitliche Gangfolge von Bedarf und Dargebot berücksichtigt werden. Dazu sind Summenganglinien, d. h. Ganglinien der fortlaufend zu bildenden Summen (V_1) des verfügbaren Zuflusses (Q_1) und des aus dem Energiebedarf und der Nutzfallhöhe zu berechnenden Wasserbedarfs (Q_B, Summen: V_B) aufzuzeichnen und miteinander zu vergleichen. Der leichteren Lesbarkeit halber überträgt man neben- oder hinterher die Ergebnisse in die leichter lesbaren Ganglinien der Tagesleistungen oder -wassermengen N_1 (Q_1) (Abb. 29).

Die in Dekaden oder auch Monaten fortschreitenden Zuflußsummen rechnet man auf Grund einer Liste der täglichen Werte Q_1 aus (Rechnungseinheit ist dabei (m^3/s) $\times$ 1 Tag!) und trägt sie (Abb. 21) über eine Zeitachse, des erzielbaren größeren Maßstabs halber, in schiefwinkligen statt rechtwinkligen Koordinaten[1]), so auf, daß der, die langjährig gemittelte Jahreszuflußfülle MV_1 darstellende Strahl waagrecht verläuft (man erhält dieselbe Linie durch Auftragung der Unterschiede (V_1—MV_1) in rechtwinkligen Koordinaten[1]).

Die benutzten Grundlisten Q_1 sollten einen möglichst langen Zeitraum umfassen (mindestens 10 bis 20 Jahre). Die Summenganglinie der Bedarfswassermengen erhält man in

[1]) Ludin, Niederdruckwasserkräfte, Dissertation, Karlsruhe, 1910.

ähnlicher Weise. Zur Umwandlung der in einer Liste zu summierenden täglichen oder wöchentlichen Energiebedarfswerte (kWh oder mittlere kW) in Bedarfswassermengen (QB) führt

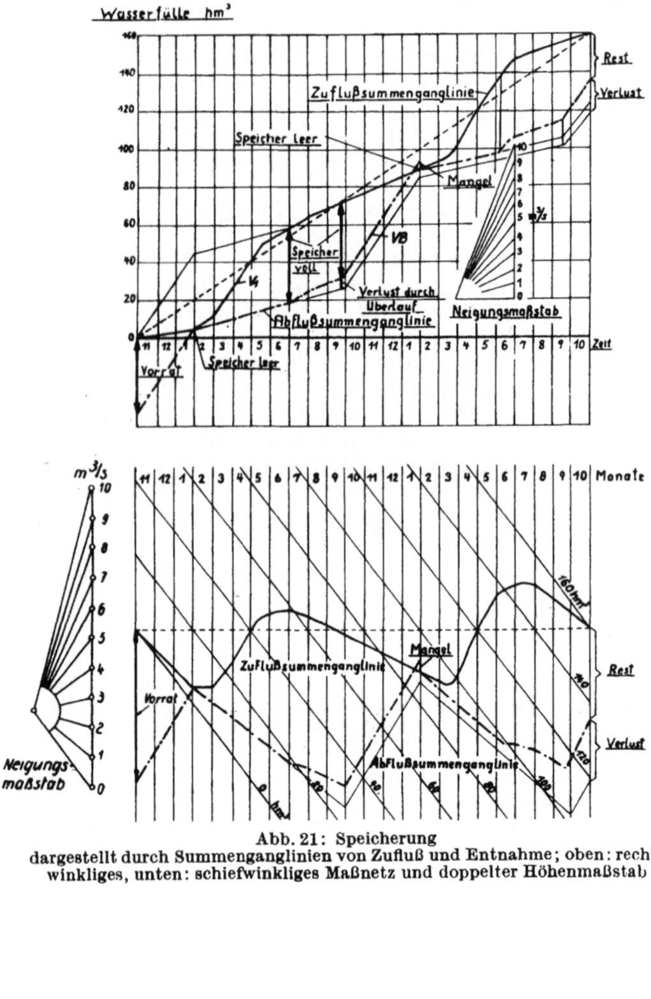

Abb. 21: Speicherung
dargestellt durch Summenganglinien von Zufluß und Entnahme; oben: rechtwinkliges, unten: schiefwinkliges Maßnetz und doppelter Höhenmaßstab

man bei Hochdruckwerken mit relativ geringer Speicherspiegelschwankung eine geschätzte mittlere Nutzfallhöhe als Festwert ein. (Diese Umrechnung kann auch durch eine Maßstabsänderung ersetzt werden.)

Die Ordinatendifferenz zwischen Zufluß- und Entnahme-Summenganglinie stellt den jeweiligen Speicherinhalt dar. In Zeitpunkten, wo beide Linien sich schneiden oder berühren, ist das Becken leer. Negative Differenzen bedeuten Fehlenergie, die durch Aushilfs-Strombezug gedeckt werden muß, wenn Erfüllung eines vorgeschriebenen Pflichtstrom-Fahrplans verlangt wird.

Wenn die Speicherschwankung im Verhältnis zur Gesamtfallhöhe größer als etwa 1 : 4 ist, muß für genauere Ergebnisse die Abhängigkeit der Nutzfallhöhe vom jeweiligen Füllungsgrad des Speichers berücksichtigt werden. Die Untersuchung kann dann in kleinen Intervallen fortschreitend gegeführt werden. Aus einer gegebenen EB-Linie entwickelt man dabei die vom jeweiligen Beckeninhalt und damit vom H_n abhängige VB-Linie, deren Verlauf wiederum die Spiegelbewegung des Speichers bestimmt. Diese ziemlich umständliche Untersuchung kann in Listenform rechnerisch oder nach einem zeichnerischen Verfahren [1], [2], [3] durchgeführt werden.

Ist letzteres nicht nötig, so kann man die VB-Summenganglinie als Umhüllende an die V_1-Linie zeichnen, was die höchste Stromausbeute, allerdings mit nicht gleichmäßiger Leistungsdarbietung, ergibt.

2. Ausbeutelinien für Langspeicherwerke

Für vergleichende Betrachtung verschiedener Ausbaugrade des Kraftwerks (MN_n)[4] und des Speichers (S_v) ist es erwünscht, über ein Konzentrat der gesetzmäßigen Zusammenhänge des über viele Jahre sich er-

---

[1]) Ludin, Wasserkraftanlagen, Springer, Berlin, 1934.

[2]) Schaffernack, Hydrographie, Springer, Wien, 1935.

[3]) Horst, Über die wirtschaftliche Ausbaugröße von Talsperrenkraftwerken und Wasserwirtschaftspläne. Diss. T. H. Hannover, 1927.

[4]) Die Ausbauleistung Nv des Kraftwerkes steht über die energiewirtschaftlich gegebene Benutzungsdauer Tv der Höchstleistung mit der mittleren nutzbaren Leistung MNn (= Energie) unmittelbar im Zusammenhang. $Nv = MNn/Tv$ und $MNn = 9{,}81\ \eta\ VBJr \cdot Hn/3600$!

streckenden Wasserenergie-Haushaltplans zu verfügen. Dazu arbeitet man die Zufluß-Summenganglinie (V_1) von Anfang bis Ende mehrmals (z. B. n-mal) durch, indem man jedesmal eine geometrisch ähnliche, aber immer größerem jährlichen Energiebedarf ($EB = MN_n$) entsprechende VB-Summenganglinie benutzt (Abb. 22). Dabei entnimmt man Jahr für Jahr die „mögliche Aufspeicherung“ S und den theoretisch „notwendigen Aufbrauch“ A und trägt diese Wertepaare (S, A) nebeneinander entweder graphisch in einen „Bilanzplan“ oder zahlenmäßig in eine „Bilanzliste“ ein. Die so, n-mal, jeweils über z. B. 25 Jahre, aufgestellten 25 Wertepaare (S, A) rechnet man dann von Anfang bis Ende wiederholt (z. B. m-mal), jedesmal mit einer anderen Annahme des ausgebauten Speichernutzraums S_v folgendermaßen weiter durch:

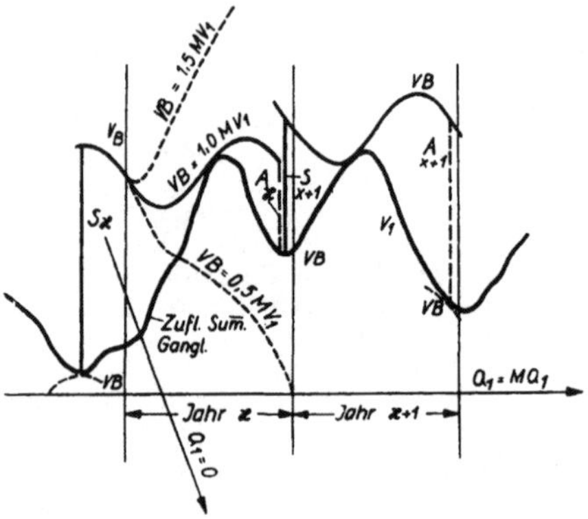

Abb. 22: Ermittlung der möglichen Speicherung S und erforderlichen Abarbeitung A zur Berechnung der Ausbeutewerte

Man bildet Jahr für Jahr die beiden Differenzen $S - S_v = \text{Ü}$ („Überschuß“ wenn positiv, sonst = „ungefüllter Restraum“) und $S - A$ (bzw. $S_v - A$) = verbleibende, ins nächste Jahr zu übernehmende „Restfüllung“ R (wenn negativ = undeckbarer Mangel oder Fehlwasser MV_f, wenn positiv = neben der Pflichtstromlieferung, also nur außerhalb der Hauptbelastungsstunden, nutzbare unständige Abfallenergie, die weiterhin unberücksichtigt bleibe). Wir berechnen Jahr für

Jahr die, nutzbare Energie darstellende, Nutz-Wasserfülle $V_n = V_B - MV_f$, deren wir für jede Jahresreihe n mal m Einzelwerte in Abhängigkeit von den benutzten Parametern (oder Grundwerten), VB = mittlere Pflichtleistung und S_v = Speicherausbau, erhalten. Für jedes Wertepaar (VB, S_v) bilden wir über die Jahresreihe hinweg das arithmetische Mittel MV_n und vermerken außerdem den größten auftretenden Einzeljahreswert max V_n und den kleinsten, min V_n. Letzterer ist von Bedeutung, weil er (in Verbindung mit der daher zu vermerkenden Dauer des Auftretens der zugeordneten größten Fehlwasserfülle) die zum Ersatz derselben bereitzuhaltende Aushilfsenergie und -Einsatzleistung bestimmt. Die drei Werte MV_n, max V_n und min V_n werden schließlich zu „Ausbeutelinien" zusammengetragen (Abb. 23). Die ganze beschriebene

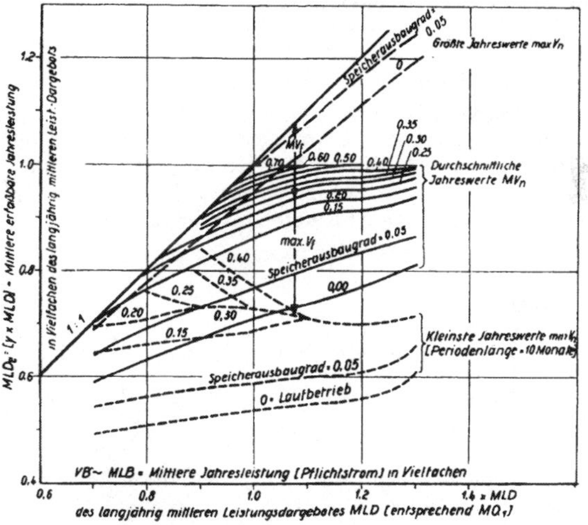

Abb. 23: Ausbeutelinien für einen Langspeicher (Goldene Bystritza)

Untersuchung wird zweckmäßig mit dimensionslosen, auf die langjährige mittlere Wasserdarbietung MV_1 = 31 536 000 MQ_1 bezogenen Werten geführt. Die Ausbeutelinien sind dann ohne weiteres mit guter Näherung auch für andere Stellen des der Untersuchung zugrunde gelegten Gewässers und auch für hydrologisch verwandte andere Gewässer anwendbar. In Abb. 23 ist angedeutet, wie neben der nutzbaren Jahres-Wasserfülle auch der durchschnittliche und größte Jahreswassermangel max MV_f entnommen werden kann (zugleich ein Nachweis der Möglichkeit unmittelbarer Auftragung der Ausbeutelinien aus den Fehlwasserwerten!).

4. Einsatz der Wasserkraftanlagen

Die Einsatzfähigkeit ist bedingt durch Größe und Ständigkeit der Energie- und Leistungsdarbietung sowie deren Anpassungsfähgkeit an stark und schnell wechselnden Leistungsbedarf.

a) Laufwerke

Ihr unständiges Leistungs- und Energiedargebot folgt den Schwankungen der Wasserführung, und bei Niederdruckanlagen auch nicht unwesentlich: der Nutzfallhöhe, unmittelbar. Wertvoll ist möglichst hohe ständige Leistung (vgl. Abb. 24) unter Berücksichtigung der gleichzeitig zu erwartenden höchsten Belastung, welch letztere meist im Winter auftritt.

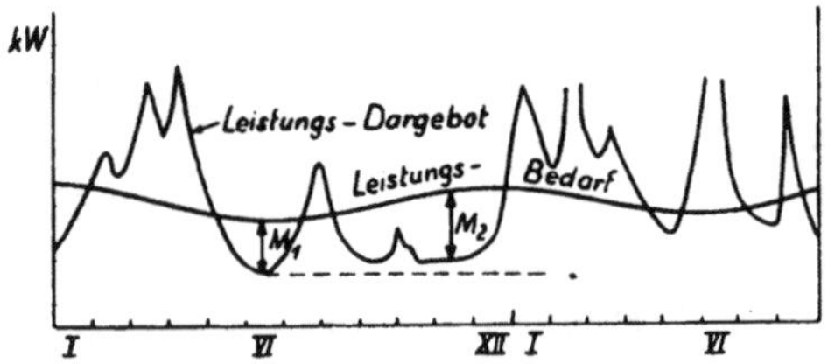

Abb. 24: Bei Wasserkräften mit zwei jährlichen Niedrigwasserperioden kann der größte Energiemangel mit der höheren NW-Leistung zusammenfallen

b) Schwellbetrieb

Die Haltungen von Stau- und auch Kanalkraftwerken können manchmal bei Kleinwasser zur teilweisen Umspeicherung von nachts nicht nutzbarem Zufluß auf den Tag benutzt werden, wo im reinen Laufbetrieb Leistungsmangel eintreten würde. Wenn die örtlichen und energiewirtschaftlichen Verhältnisse es erlauben, ordnet man zur Ausnutzung des überschüssigen nächtlichen Zuflusses ausreichende Kurzspeicher oder „Schwellbecken“ an (Abb. 25). Beim Arbeiten auf ein großes Verbundnetz kann der Schwellbetrieb so weit getrieben werden, daß der ganze 24stündige Zufluß (Q_1) auf die Stunden (t) der höchsten Tagesspitzen zusammengedrängt wird (Abb. 26). Der Leistungsbeitrag (Q_s) des einzelnen Schwellwerks zur Gesamtspitze folgt dabei der Gleichung: $24\ Q_1 = t \cdot Q_s$, wobei Q_s im günstigsten Fall

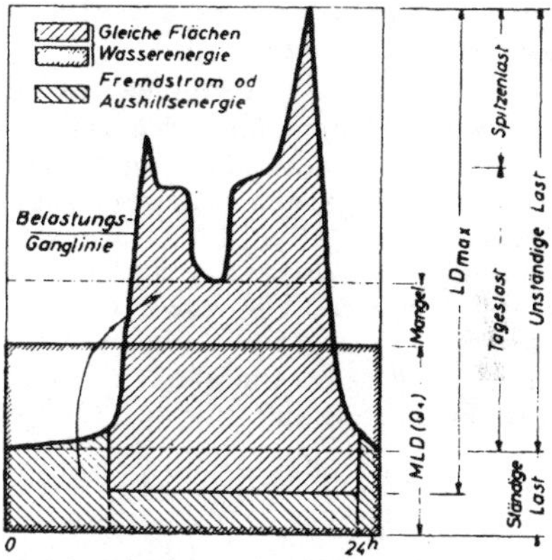

Abb. 25: Einsatz eines einzelnen Laufkraftwerkes mit Schwellbecken und Fremdstrom-Aushilfe

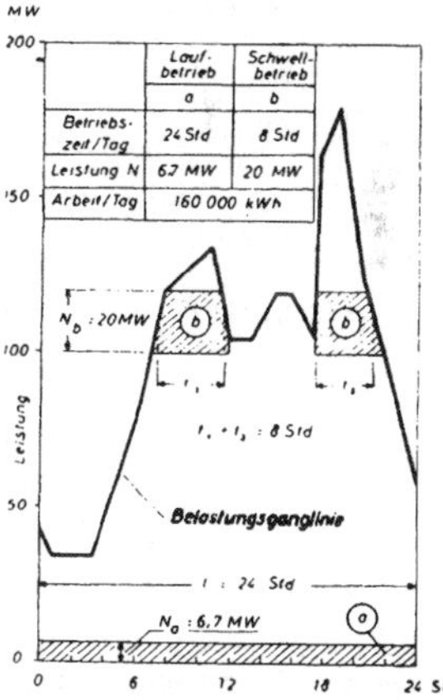

Abb. 26: Einsatz eines Laufkraftwerkes mit Schwellbecken im Verbundbetrieb

gleich der Werkausbauwassermenge wird und die volle Werkausbauleistung zum Aufbau der Netzspitze eingesetzt werden kann.

Der gesamte betriebswirtschaftliche Vorteil des „Schwellens" geht über den reinen Gewinn an nutzbarer Energie aus Nachtzufluß hinaus; er beruht überwiegend darauf, daß in den wenigen Tagesstunden der Höchstbelastung die ständige Leistung des Werkes erheblich über die natürliche (24stündige) Mindestleistung hinaus gesteigert wird. Hierdurch erweitert sich im Leistungsplan des Werkes die Zone der Primakraft entsprechend, unter günstigen Umständen bis an die Ausbauleistung des Werkes hinauf.

c) Durchlaufschwellbetrieb (Durchlaufspeicherung)

Beim lückenlosen Staffelflußausbau genügt ein einziges oberes Schwellbecken, um sämtliche Folgewerke in dieser vorteilhaften Weise einsetzbar zu machen[1])

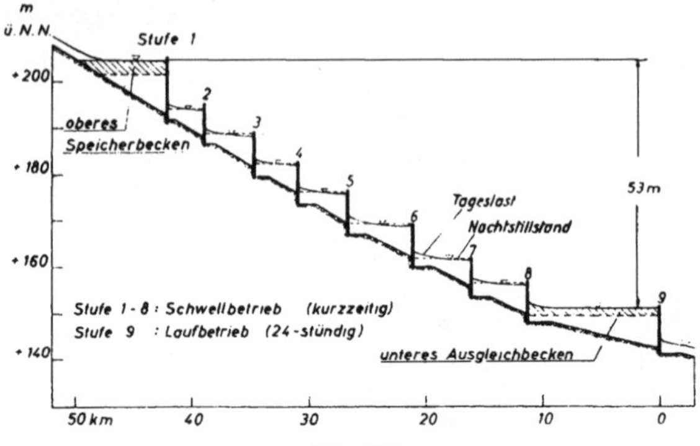

Abb. 27:
Flußkrafttreppe mit Durchlauf-Schwellbetrieb (Durchlaufspeicherung)

[1]) Ludin, Die Wasserkräfte, Verlag Springer, 1913, S. 525; Ludin, Schw. W. u. Energiewirtschaft, 1924 u. 1931.

(Abb. 27). Sie müssen dazu nur unter einheitlicher Betriebsleitung im Gleichtakt gefahren werden und sollten möglichst gleichmäßig hoch ausgebaut und beim Zutritt eines größeren Nebenflusses mit einem zusätzlichen Zwischenbecken ausgestattet sein. Im Interesse der Unterlieger muß das unterste Werk als Laufwerk mit dem jeweiligen 24stündigen Zufluß entsprechender Beaufschlagung betrieben werden. Dies erfordert die Anlage eines unteren „Ausgleichbeckens". Ein solches ist in der Regel auch bei Einzelwerken mit Lang- oder Kurzspeicher, die Spitzen fahren, nötig und vielfach ausgeführt. Die im Durchlaufschwellbetrieb (natürlich nicht plötzlich in voller Größe!) vorzunehmenden Umschaltungen von kleiner auf große Beaufschlagung (und umgekehrt) rufen Spiegelsenkungen am unteren und Spiegelhebungen am oberen Ende jeder Haltung und entsprechende Öffnungssunke und Füllungsschwalle hervor, die sich im wiederholten Hin- und Herlauf begegnen und allmählich abklingen[1],[2]). Sie können die Uferunterhaltung verteuern, den Schiffahrtsbetrieb aber nicht ernstlich stören. Infolge der höheren Wertigkeit der so „leistungsbeständig" gemachten Energie ist bei Schwellwerken ein höherer Ausbaugrad als bei reinem Laufbetrieb vertretbar. Die Durchlaufspeicherung ist trotz anfänglicher Widerstände[3]) auch in Deutschland verschiedentlich mehr oder minder vollkommen entwickelt (Lech, Illerwerke) und selbst auf dem schiffbaren Neckar bei vorsichtiger Handhabung bewährt[4]).

Bei Niederdruckstufen ist bei Beurteilung der garantierbaren Mindestleistung neben der kleinsten ständigen Kleinwasserleistung stets auch die einem häufiger auftretenden Hochwasser entsprechend verminderte Vollwasserleistung zu beachten, da sie sich der Verbesserung durch Schwellbetrieb entzieht.

---

[1]) s. Fußnote S. 58.

[2]) J. Frank, Hydraulik der Durchlaufspeicherung. Bauing., H. 2 und 3, 1952.

[3]) Kontroverse Höbel—Ludin W.Kr.Konf. Basel 1926.

[4]) Gamer in „Die Wasserwirtschaft" 1952/53 S. 113.

d) Langspeicher

Langspeicherkraftwerke sind nicht nur leistungsbeständig wie die Kurzspeicherwerke, sondern auch mehr oder weniger energiebeständig (Abb. 21 und 23). Je nach dem Speicherausbaugrad (Verhältnis Speicherbeckennutzraum zur mittleren Jahresabflußfülle) werden Jahres- und Überjahresspeicher unterschieden mit Ausbaugraden von etwa 30 bis 60 bzw. 80 bis 120 % der mittleren Jahreszuflußfülle als Nutzraum. Besondere wirtschaftliche Bedeutung haben, namentlich in den Alpen, die Winterspeicher, weil dort im Winter ein geringes Wasserdargebot (NQ_1) und hoher Leistungs- und Energiebedarf (Winterspitzen) zusammentreffen. Bei Verbundbetrieb mit anderen Kraftwerken (Wärmekraft oder hydrologisch gegenläufige Wasserkräfte) kann ohne energiewirtschaftliche Einbuße der Speicherausbaugrad niedriger gehalten werden. Andrerseits rechtfertigt der Einsatz eines Großspeicherwerkes in ein Verbundnetz mit mehreren wasserwirtschaftlich gleichartigen Laufwerken einen besonders hohen Speicherausbaugrad, wobei es bis zur völligen Stillegung des Speicherwerkes in der wasserreichen Jahreszeit kommen kann.

Die Frage des wirtschaftlichen Speicherausbaugrades hängt stark von dem Reichtum eines Landes an Brennstofflagern ab und ist z. B. in der Schweiz und Italien wesentlich anders zu beurteilen als in Deutschland, wo die Wasserenergie stark in der Minderheit und Speicherraum über einer gewissen Grenze vorteilhaft durch Einsatz von Wärmekraft im Dauerbetrieb zu ersetzen ist.

Bei Mehrzweckspeichern, die gleichzeitig dem Hochwasserschutz, der Niedrigwassererhöhung, Trinkwasserversorgung, Schiffahrtsverbesserung oder landwirtschaftlichen Bewässerung dienen, müssen die Ansprüche der verschiedenen Nutzungskreise an den verfügbaren Stauraum und die zeitliche Regelung von Aufspeicherung und Nutzwasserabgabe gegeneinander abgestimmt werden, um das volkswirtschaftliche Optimum zu ergeben. In Ländern mit starkem Bewässerungsbedarf kann eine Lösung darin bestehen, der Wasserkraftnutzung das gebirgige Sammelgebiet als Hauptnutzungsgebiet zuzuweisen, am Austritt des Flusses in die Niederung aber einen besonderen Ausgleichspeicher anzulegen, der die z. T. jahreszeitlich ungünstig verteilten Nutzwassermengen der Kraftwerke auf die Abgabeform des Bewässerungsbedarfs umbildet.

Die Lebensdauer von Talsperren wird in Einzugsgebieten mit starkem Oberflächenabtrag (Hochgebirge, aride Gebiete) und entsprechender Schwerstoffführung der Gewässer durch Verlandung verkürzt. Dieser Vorgang kann durch Überbemessung der Stauräume oder Anordnung von „Vorsperren“ nur verzögert, dagegen durch umfassende Aufforstung der Geschiebeherde und Verbauung der Wildbäche an der Wurzel erfaßt werden.

Der Lage zum Kraftwerk nach unterscheidet man Werkspeicher, in unmittelbarer Verbindung mit der Kraftanlage und somit Schwellbetrieb gestattend, und Fernspeicher, die ihre ausgeglichene Wasserabgabe erst dem Flußbett überantworten, in dem sie nach längerem Fließweg das Kraftwerk erreicht, z. B. Bodenseeregulierung (Projekt)[1]. Im letzteren Falle spielt für den Wasserhaushalt das Verhältnis des Einzugsgebietes des Speichers (F_{Sp}) zu dem des Kraftwerks (F_W) genannt: „Gebietserfassungsgrad“ (F_{Sp}/F_W) eine wichtige Rolle. Je größer das nicht erfaßte Einzugsgebiet unterhalb des Speichers gegenüber dem erfaßten Speichereinzugsgebiet wird, desto geringer ist der Einfluß des Speichers auf Form und Umfang des Kraftwerksausbaues. Liegen unterhalb eines Fernspeichers mehrere Kraftwerke über eine längere Ausbaustrecke verteilt, so ist ein Speicherausbau und -betrieb zu suchen, der ein Optimum der summierten Energieausbeute aller Kraftwerke ergibt.

Die Betriebsführung von Kraftwasserspeichern ist

[1]) Kobert, Mitt. 20 d. Amtes f. Wasserwirtschaft, Bern, 1926.

grundsätzlich verschieden je nach dem energiewirtschaftlichen Bedürfnis, den übrigen wasserwirtschaftlichen Ansprüchen und dem Speicherausbaugrad. Bei niedrigem Ausbaugrad ist bei unruhigem Abflußgang mehrmalige Füllung und Entleerung innerhalb eines Jahres möglich; daher ist für die Wasserentnahme der Zufluß und die Jahreszeit bestimmend, bei hohem Ausbaugrad und einmaligem jährlichen Speicherumsatz ist der jeweilige Beckeninhalt maßgebend. Das Betriebsziel ist entweder höchstmögliche Energieausbeute, d. i. möglichst lange Dauer der Volleistung und Abarbeiten bis zur Erschöpfung des Speichers vor Eintritt der nächsten Jahresanschwellung oder aber: Sicherung einer bestimmten ständigen Leistung (Primakraft), wobei Zurückhaltung im Abarbeiten geboten, damit aber das Wagnis eines nicht nutzbaren Restinhaltes bei Beginn der nächsten Anschwellungsperiode in Kauf genommen wird. Betrieb auf höchste Energieausbeute ist bei umfangreichem Verbundbetrieb oder Zulässigkeit von Belieferungseinschränkungen (Wahlstrom statt Pflichtstrom) möglich. Wird dagegen eine möglichst hohe ständige Leistung verlangt (höchste Pflichtstromerzeugung), so ist es zweckmäßig, für die Mangelzeit einen Notvorrat oder eisernen Bestand zu halten, der nur unter bestimmten Bedingungen angegriffen werden darf, z. B. bei außergewöhnlich langer Trockenheit. Im Verbundbetrieb wird man ein Speicherwerk zweckmäßig mit wechselnder Benutzungsdauer bei immer annähernd voller Leistung einsetzen, also bei Überfluß an Wasser in Grundlast bis Mittellast, bei Sparbetrieb schließlich nur noch auf die höchsten Spitzen der Netzbelastung.

e) Verbundwirtschaft

Verbundbetrieb oder Verbundwirtschaft ist die Zusammenfassung von Kraftwerksgruppen und Verteilnetzen, die auch verschiedenen Unternehmungen gehören können, zu einer höheren Betriebseinheit. Die einzelnen Verteilungsnetze werden dazu durch Höchstspannungsleitungen zu gegenseitiger Ergänzung verbunden, und der Einsatz der einzelnen Kraftwerksgruppen und Hauptkraftwerke wird durch eine übergeordnete Betriebsleitung (Lastverteiler) so geregelt, daß der Bedarf technisch einwandfrei (Frequenz), prompt und sicher gedeckt, die Kraftwerke und ihre Energiedarbietung möglichst vollständig ausgenutzt und höchstmögliche Wirtschaftlichkeit im ganzen erzielt wird. Die für die Lastverteilung im Einzelfall maßgebenden Grundsätze müssen die gegebenen Netzverhältnisse und die bei den Wasserkraftwerken zeitlich wechselnde Energiedarbietung berücksichtigen. Allgemein gelten folgende Richtlinien (Abb. 28, 29). Das jeweilige Energieaufgebot von Laufwerken muß möglichst restlos ausgenutzt werden, daher werden sie in Grundlast eingesetzt. Das gilt auch für Kurzspeicherwerke bei reichlicher Wasserführung, während sie mit zunehmendem Wassermangel in die Tagesmittellast und schließlich in Spitzenlast aufrücken, wenn die Netzbelastung vollen Leistungseinsatz verlangt.

Abb. 28/29: Einsatz von Lauf-, Speicher- und Wärmekraftanlagen im Verbundbetrieb

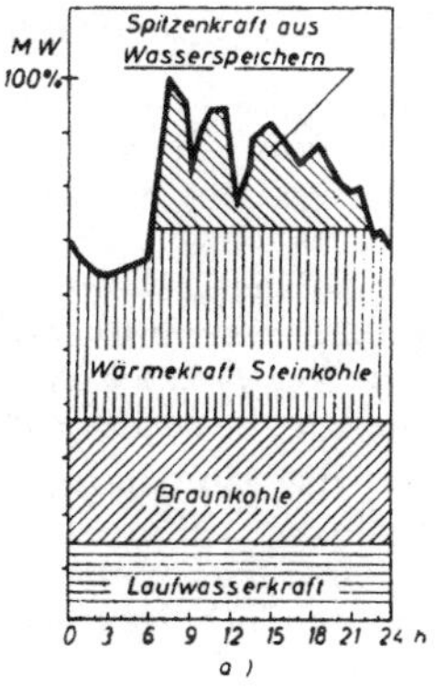

Abb. 28: Wintertag, Belastungsganglinie des westdeutschen Verbundnetzes

Abb. 29: Jahresbelastungsdauerlinie Westeuropas

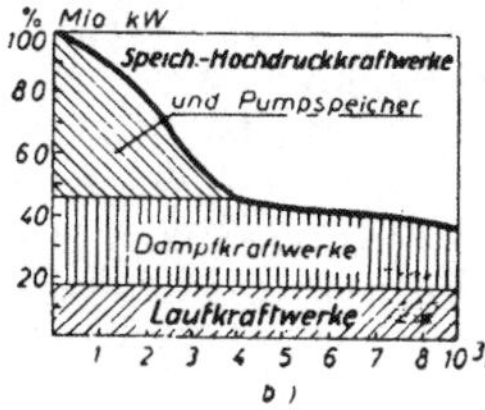

Bei Großspeicherkraftwerken wird die jeweils nach Zufluß und Speicherinhalt zur täglichen Verarbeitung bestimmte Energie unter entsprechendem Leistungseinsatz im Belastungsdiagramm untergebracht. Der Großspeicher dient dann zugleich als Schwellbecken für die sich dabei ergebende Tagesspeicherung. Pumpspeicherwerke vermögen in 1½ bis 3 Minuten vom Pumpbetrieb zur Stromerzeugung überzugehen. Diese von keiner anderen Kraftquelle erreichbare schnelle Einsatzfähigkeit macht sie mit ihren leicht erreichbaren hohen Maschinen- und Werkleistungen zur bevorzugten Momentanreserve; bei einigermaßen günstigen örtlichen Bauverhältnissen sind sie auch kostenmäßig sehr vorteilhaft. Wärmekraftwerke werden heute überwiegend als Grundlastwerke eingesetzt, u. a. weil die neuzeitlichen Höchstdruckdampfkraftwerke unter stark wechselnder Belastung der Kessel sehr leiden und ihre hohe Betriebswirtschaftlichkeit nur bei gleichmäßiger Dauerlast entwickeln. Im Lastbild werden sie über den Laufwerken eingesetzt, wobei ungenügende Nachtbelastung oft durch Stromabgabe an Pumpspeicher ergänzt wird, weil der dafür zusätzlich erforderliche Brennstoffaufwand relativ sehr gering ist.

8. Wirtschaftliche Verhältnisse der Wasserkraftanlagen

Bei Planung und Entwurf einer Wasserkraftanlage ist für die Wirtschaftlichkeitsberechnung die Voraus-Ermittlung der Ausbaukosten nötig, was mit wachsender Zuverlässigkeit zunächst durch Abschätzung auf Grund der Kosten ähnlich ausgeführter Anlagen, dann durch Aufstellung eines Vorentwurfes mit Kostenüberschlag und schließlich eines ausgeführten Kostenanschlags auf Grund eines eingehenden Bauentwurfs zu geschehen pflegt.

Man unterscheidet grundsätzlich die einmaligen Ausbau- oder Anlagekosten (K) und die laufenden, im späteren Betrieb der Anlage aus den Stromverkaufseinnahmen (e) zu deckenden Jahreskosten (k). Der Kostenanschlag soll folgende Kapitel umfassen:

1. Anlagekosten

(1) Vorarbeiten, (2) Genehmigungskosten, (3) Grunderwerb und Entschädigungen, (4) Baukosten für den baulichen, maschinellen und elektrischen Teil der Anlage, (5) Entwurf, Bauleitung, Bauaufsicht, (6) Unvorhergesehenes, (7) Kosten der Geldbeschaffung, (8) Bauzinsen.

Tab. 2 gibt den Anteil einzelner Bauteile an den Anlagekosten für verschiedene Ausbauformen und Flußgebiete nach Christaller[1]) an.

Ausbauform	Flußstaukraftwerke		Kanalwerke	Monatsspeicher	Jahresspeicher	
Fluß- und Talgebiet	Oberrhein	Voralpen	Illerstufe	Vermunt	Oberhasli	Wäggital
Kapitel	Anteile in % der Gesamt-Anlagekosten					
1. Grunderwerb	2,1	6,0	5,0	0,5	2,3	10,8
2. Vorbereitung, Erschließung	2,4	6,0	2,4	9,7	6,8	2,2
3. a) Wehr	18,0	13,5	7,5	—	—	—
b) Staumauer Staubecken	—	—	—	25,8	59,5	34,1
4. a) Kanäle, Flußregelung Uferbauten	21,0	13,5	39,9	—	—	—
b) Stollen Rohrleitungen, Unterwassergerinne	—	—	—	42,9	16,7	27,9
5. Krafthaus, Werksiedlung	23,7	17,0	22,0	5,1	6,0	8,6
6. Turbinen Generatoren Schaltanlagen	32,8	44,0	23,2	16,0	8,3	16,4

Tab. 2. Einzelbeispiele für Aufteilung (%) der Anlagekosten von Wasserkraftanlagen verschiedener Ausbauform

[1]) Deutsche Wasserwirtsch. 1937, S. 161.

2. Jahreskosten

Bei diesen werden unterschieden: 1. „Kapitalkosten“, das sind Verzinsung und Tilgung des Anlagekapitals, Erneuerungs- und Sicherungsrücklagen und 2. die „Betriebskosten“, umfassend Gehälter und Löhne, Unterhaltung und Ausbesserung, Betriebs- und Hilfsstoffe und allgemeine Geschäftsunkosten (Zentralverwaltung, Steuern, Versicherungen).

Bei wirtschaftlichen Voruntersuchungen und Vergleichsrechnungen wird für die Verzinsung des Anlagekapitals von einem einheitlichen Zinsfuß ausgegangen, dessen Höhe sich nach der allgemeinen Lage des Kapitalmarktes richtet. Er liegt heute in Westdeutschland ungewöhnlich hoch (8 %), im übrigen Europa dagegen z. T. unter 4 %. Tilgung ist nur notwendig, wenn z. B. die Verleihung entschädigungslosen Heimfall der Anlage an den Staat vorsieht (z. B. nach 75 oder 99 Jahren), oder wenn die Wasserkraftanlage z. B. durch voraussehbare Auflandung des Staubeckens später entwertet wird. Sonst (auch bei Obligationentilgung) bedeutet die Kapitaltilgung eine Ansammlung nicht ausgeschütteter Gewinne, die allerdings aus Sicherheitsgründen im Hinblick auf Entwicklungsmöglichkeiten z. B.: allgemeine Strompreissenkungen, Entwicklung neuer Energiequellen u. a. m. geboten sein kann. Erneuerungsrücklagen oder Abschreibungen werden jährlich gemacht, um nach Ablauf der Lebensdauer der Maschinen oder sonstigen Anlagenteile für deren Neubeschaffung die nötigen Geldbeträge verfügbar zu haben. Erfahrungsgemäß reichliche Werte der Nutzungsdauer s. Tab. 3. Die Formel zur Berechnung des Rücklagesatzes 100 r (%) bei Ansammlung der jährlichen Rücklagen auf Zinseszins (zum Satze 100 z (%) in einem „Rücklagefond“ bei Abschreibung in n Jahren auf den Endwert Null lautet:

$$r = z/[(1 + z)^n - 1]$$

Der jährliche Rücklagebetrag ist $k_r = r \cdot K$. Die Praxis benutzt auch andere Berechnungsgrundsätze[1], [2]).

Die tatsächliche Lebensdauer der Anlageteile ist im allgemeinen höher als die Werte der Tabelle 3. Wasserkraftanlagen sind daher nach ihrer Abschreibung meist

Gegenstand	Nutzungsdauer n. Jahre
Talsperren	70—100
Tief- und Wasserbauten	40— 60
Stahlbauten (Wehrverschlüsse, Rohrleitungen)	30— 60
Betriebsgebäude, Wohngebäude	40— 60
Maschinelle Anlagen	12— 25
Wasserturbinen	20
Stromerzeuger	20
Schaltanlagen, Transformatoren	17— 33
Hochspannungsfreileitungen über 50 kV	25— 45
Kabelleitungen	33— 40
Akkumulatorenbatterien	10
Apparate, Prüfeinrichtungen	10
Inventar	10— 20

Tab. 3. Nutzungsdauer der Teile von Wasserkraftanlagen

noch länger betriebsfähig, was zur Gewinnerhöhung oder zur Strompreissenkung ausgenutzt werden kann. Die Aufwendungen für Betrieb, Instandhaltung und Verwaltung bewegen sich im allgemeinen in der Größe von 1 bis 1,5 % der Anlagekosten. Die Instandhaltungskosten wachsen oft mit dem Alter der Anlagen. Versicherungen und Steuern beanspruchen oft 1 bis 2 % der Anlagekosten.

Jährliche Abgaben für die Wassernutzung (Konzessionsgebühren) werden, wenn überhaupt, in der Größenordnung von 0,25 bis 0,5 % der Anlagekosten festgesetzt.

[1]) Hans Vogt, Wasserkräfte in der Verbundwirtschaft. Verlag Riederer, München, 1952, S. 113.

[2]) Hauf, Steuerliche Abschreibungszeiträume usw. Deutsche Gemeindesteuer-Zeitung, 1951, S. 100.

Für überschlägige Untersuchungen der Wirtschaftlichkeit von Wasserkraftanlagen wird häufig auch von den gesamten Jahreskosten (k) ausgegangen, für die in % der Anlagekosten (K) ungefähr zutreffende Werte (j) in Tabelle 4 genannt sind.

Kraftwerksart		% Werte (100j)	
bei Kapital-Verzinsung		4 %	8 %
Speicherkraftwerk	50 MW	7,00 %	11,0 %
Speicherkraftwerk	10 MW	7,2 %	11,2 %
Hochdrucklaufwerk	50 MW	8,5 %	12,5 %
Hochdrucklaufwerk	10 MW	8,8 %	12,8 %
Niederdrucklaufwerk	50 MW	8,7 %	12,7 %
Niederdrucklaufwerk	10 MW	9,1 %	13,1 %
Niederdrucklaufwerk	1 MW	10,0 %	14,0 %

Tab. 4. Jahreskosten (k) in % der Anlagekosten (K) $k = j \cdot K$

3. Einheitsanlagekosten

Einen ersten Anhalt für die vergleichende Beurteilung der Wirtschaftlichkeit einer WKA geben die Anlagekosten bezogen auf die Einheit der Ausbauleistung N_V ($\bar{K} = K/N_V = DM/kV$) oder besser noch des elektrischen Jahresarbeitsvermögens E_{Jr} ($\bar{\bar{K}} = K/E_{Jr} = DM/kWh$) an. (Streng genommen: = DM/kWh/Jahr.)

Solche Einheitsausbaukosten der Leistungs- oder Arbeitseinheit von ausgeführten Anlagen lassen sich nur mit aller Vorsicht bei ersten Kostenschätzungen von ähnlichen geplanten Anlagen übernehmen, weil i. a. für jede Anlage die örtlichen und zeitlichen (Lohnhöhe) Verhältnisse und die Grundwerte: Ausbauwassermenge, Fallhöhe, Gesamtanordnung, sowie Geologie und Morphologie andere sind[1]).

[1]) Z. T. nach Vogt, Wasserkräfte in der Verbundwirtschaft. München, 1952, S. 122.
C. Reindl, Zur Kostenschätzung von Wasserkraftanlagen. Wkr. u. Wawi, H. 6, 1940, S. 132.

Grob-durchschnittliche Werte ($\overline{\overline{K}}$) (Preisbasis 1938) sind für:

große Staukraftwerke	0,07—0,15 DM/kWh
(Rhyburg-Schwörstadt)	0,08 DM/kWh
mittlere und kleinere Staukraftwerke	0,1 —0,2 DM/kWh
große Hochdruckspeicherkraftwerke mit Talsperren	0,25—0,6 DM/kWh

Gegenüber Vorkriegsverhältnissen kann für 1952 mit einer Verteuerung auf etwa 180 % im baulichen und 240—260 % im maschinell-elektrischen Teil gerechnet werden[1]).

4. Energieeinheitskosten

Die Energieeinheitskosten (bezogen auf a) erzeugbare, b) nutz- oder absetzbare Energie) sind der Quotient aus den Jahreskosten (DM/Jr.) in die Jahreserzeugung(-Nutzung) $\bar{k} = 100\,k/E_{Jr}$ (Pfg/kWh).

Je nachdem, ob Energie „ab Werk" (Umspanner) oder „ab Netz" (in z. B. 100 000, 30 000, 380 V) beim Groß- oder Kleinabnehmer betrachtet wird, ergeben sich die Energieeinheitskosten zunehmend höher, da einerseits die Energie durch Übertragungs- und Umspannverluste vermindert, andererseits gleichzeitig die Anlage- und Jahreskosten durch die reinen Werkskosten oft mehrfach übertreffende Anlage- und Jahreskosten der Stromübertragungs- und Verteilungsanlagen erheblich gesteigert werden. Dabei ist noch die meist starke Abnahme der Benutzungsdauer der Ausbauleistungen oder Anschlußgrößen vom Groß- zum Kleinabnehmer zu berücksichtigen. Hieraus erklärt es sich, daß bei durchschnittlichen Abwerkstromkosten von z. B. 3 Pfg./kWh im selben Netz für einen Großabnehmer mit z. B. 10 000 kW-Anschlußgröße und 2 400 Std. Benutzungs-

[1]) R. H. Oehler, Zur Frage des Kriteriums für die Ausbauwürdigkeit von Wasserkraftnutzungen. SBZ. 1947, S. 108.

dauer ein Strompreis von 5,0 Pfg./kWh, für einen Kleinabnehmer mit 3 kW Anschlußgröße und 800 Std. Benutzungsdauer aber ein Preis von 24 Pfg./kWh angemessen sein kann (weiteres siehe Schrifttum über Stromtarife, z. B.: Königshofer, Kurzgefaßte Elektrizitätswirtschaftslehre, Wien, Springer, 1952, Slg. Göschen Bd. 995, Fischer, Elektrizitätswirtschaft). Maßgebend dabei ist auch der Aufbau der Jahreskosten aus festen Kosten (hauptsächlich Kapitalkosten) und mit der Erzeugung zunehmenden (hauptsächlich Kohlen- und bei Wasserkraftanlagen: Speicherkosten). Wenn ein Laufkraftwerk Pflichtstromlieferung übernimmt, muß eine dem Unterschied Volleistung — ständige Leistung entsprechende Reserveleistung irgendwo im Verbundnetz bereitgehalten werden; deren feste Kapitalkosten addieren sich zu den Kapitalkosten der Volleistung des Laufwerks und verteuern somit die nur durch Reservestrombezug deckbare Pflichtstromlieferung.

5. Die wirtschaftliche Ausbaugröße

Abhängigkeit der Ausbaukosten vom Ausbauumfang, Ausbaugrad und Speicherausbaugrad.

Bei Aufstellung vergleichender Vorentwürfe und Kostenüberschläge bei gegebenen örtlichen Verhältnissen ergibt sich in der Regel, daß mit wachsendem Ausbauumfang (Stauhöhe, Umleitungslänge) die Anlagekosten (K) und damit auch die Jahreskosten (k) langsamer zunehmen als die Energieausbeute (E). Dies ist dadurch bedingt, daß gewisse Positionen des Kostenüberschlags, wie: Allgemeinkosten, Baustellenerschließung und -einrichtung, Gerätekosten, Gründungen, Werksiedlung, Krafthaus (bei einem Umleitungskraftwerk auch das Wehr) von der Länge der Ausbaustrecke mehr oder weniger vollkommen unabhängig sind. Andere Positionen dagegen, wie: das höher und höher werdende Wehr bei einer Staukraftanlage, der Kanal bei einem Umleitungskraftwerk, verteuern sich prozentual zunehmend schneller als die ausgenutzte Gesamtfallhöhe und damit die Energieausbeute.

Trägt man die Vergleichswerte nach Anleitung der Abb. 30 zu einer „Kostenfunktionskurve“ auf, so übersieht man leicht, daß die den Fahrstrahlneigungen entsprechenden Einheitskosten mit wachsendem Ausbauumfang anfänglich abnehmen werden, dann einen Kleinstwert durchschreiten und dann wieder zunehmen werden.

Ähnliche Zusammenhänge ergeben sich bei Variation des Ausbaugrades (Q_A, N_A) bei Zugrundelegung eines bestimmten Ausbauumfanges. Als unmittelbar „leistungsabhängig“ erweisen sich nur die Wasser und Strom führenden Anlageteile (Wasserfassung, Umleitung, Krafthausunterbau, Maschinen und Umspanner) und selbst ihre Kosten wachsen aus konstruktiven Gründen langsamer als die Werkausbauwassermenge und Nutzleistung. Die graphische Auftragung der errechneten Vergleichswerte ergäbe daher bei Auftragung nach Abb. 30 eine durchweg nach oben konvexe Kurve, wenn nicht mit wachsendem Ausbaugrad die Energiemehrausbeute zunehmend unständiger und an Umfang

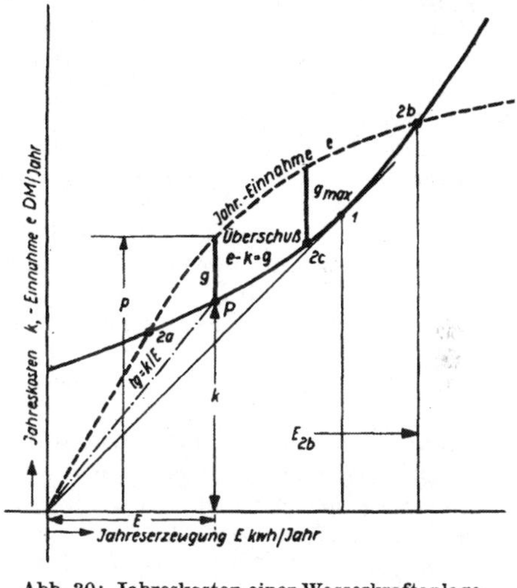

Abb. 30: Jahreskosten einer Wasserkraftanlage abhängig vom Ausbauumfang oder Ausbaugrad

geringer würde. Unter diesem Einfluß nimmt auch die Kostenfunktionskurve des Ausbaugrades grundsätzlich ähnlichen Verlauf wie in Abb. 30.

Für den Speicherausbaugrad ist ein ähnliches Ergebnis auf Grund des Verlaufs der Ausbeutelinien (Abb. 23) zu erwarten. Bei den oben angedeuteten vergleichenden Berechnungen der Jahreskosten mußte ein bestimmter Zinssatz angenommen werden. Ob die erzeugbare Energie zu den errechneten Gestehungskosten vollen Absatz finden und vielleicht noch eine höhere Verzinsung der Anlagekosten ermöglichen wird, hängt von den Verhältnissen des Elektrizitätsmarktes ab, dessen Aufnahmefähigkeit und tragbare Strompreise nicht weniger sorgfältig zu analysieren sind wie die Energieausbeute und die Stromgestehungskosten des geplanten Ausbaues. Solche Marktpreisstudien setzen entsprechende Erfahrungen voraus. Sie müssen neben dem Umfang des mittleren, kleinsten und größten Jahres- oder besser Vierteljahres-Dargebots von Energie auch dessen Unterteilung in ständige und mehr oder weniger unständige, sowie in Tages- und Nachtstrom berücksichtigen, deren Preiswürdigkeit sehr verschieden bewertet wird[1]). Als Ergebnis solcher Studien kann man Abb. 30 durch Eintragen der Schaulinie der erzielbaren Einnahmen (aus Stromverkauf) ergänzen, wobei nicht vergessen werden darf, die mit der Stromverteilung verbundenen, nicht selten sehr erheblichen Energieverluste zu berücksichtigen. Die Ordinatenunterschiede $e - k = g$ stellen erzielbaren Gewinn dar, der, bezogen auf die zugehörigen Ausbaukosten K, die erreichbare zusätzliche Verzinsung $100\ g/K = \bar{g}$ ergibt. Beide Werte (g und $\bar{g}$) bestimmen je einen theoretisch optimalen Ausbau. Eine oberste Grenze der Ausnutzungsmöglichkeit der untersuchten Wasserkraft bestimmt der Schnittpunkt der k- und e-Kurve, wenn letztere mit dem kleinsten Zinssatz

[1]) Vgl. Schweizerische Richtlinien zur Beurteilung der Ausbauwürdigkeit von Wasserkraftprojekten, Zürich, 1951.

berechnet ist, der nach Lage des Kapitalmarktes noch die Finanzierung des Unternehmens zuläßt. Es ist der „optimal gemeinnützige“ Ausbau, weil er ohne „Gewinn“ die größtmögliche Energieausbeute ergibt.

Noch bis 1910 war es üblich, Laufwasserkraftanlagen höchstens auf die neunmonatige Wassermenge auszubauen. Mit wachsender Erkenntnis[1]) der Unwirtschaftlichkeit dieser geringen Flußnutzung und zunehmender Erweiterung des Verbundbetriebs wurde der Ausbau auf acht- bis sechsmonatige Wassermengen gesteigert. Heute geht man, namentlich bei Schwellbetrieb, noch höher, bis zur vier- bis dreimonatigen Wassermenge. Kanal- und Stollenkraftwerke werden wegen des hohen Anteils der leistungsabhängigen Kosten niedriger ausgebaut als unter sonst gleichen Umständen Staukraftwerke. Wenn es die örtlichen Verhältnisse erlauben, umgeht man bei Speicherwerken diese Beschränkung durch Anordnung eines „vorgeschobenen“ Schwellbeckens möglichst nahe dem unteren Kanalende (Bober-Kraftwerk Deichow, S. 95, Illkraftwerk Latschau[2]), Schluchsee Mettmabecken S. 116).

6. Einfluß der Benutzungsdauer, Wasserkraft und Wärmekraft

Die Jahreskosten einer gegebenen Wasserkraftanlage sind, da sie überwiegend kapitalbezogen sind, von der Benutzungsdauer fast unabhängig. Dagegen nehmen die Jahreskosten einer Dampfkraftanlage mit deren Benutzungsdauer und dem entsprechend wachsenden Brennstoffverbrauch stark zu. In einer graphischen Darstellung nach Abb. 31 zeigt sich, daß unterhalb einer gewissen Benutzungsdauer die Jahreskosten der Wärmekraftanlage niedriger, oberhalb dieser Belastung aber höher

[1]) Ludin, Ausbau der Niederdruckwasserkräfte nach wirtschaftlichen Gesichtspunkten. Diss., Karlsruhe, 1910 u. Die Wasserkräfte . . . 1913 (Springerverlag), Rümelin, Slg. Göschen, 1913. Hallinger, Zwei deutsche Großkraftquellen. Erschließung nach den Grundsätzen der größten Wirtschaftlichkeit usw. I. Der Rhein, 1916.

[2]) Ammann, Vorarlberger Illwerke AG., Ö. — Eltwi., H. 10, 1950.

sein können, als die der gleich leistungsfähigen Wasserkraftanlage (von deren etwaiger Unständigkeit hier der Einfachheit halber abgesehen sei). Die Gestehungskosten der kWh lassen sich in einfacher, aus der Abb. 31 erschließbarer, Weise konstruieren. Die kapitalintensive Wasserkraftanlage verlangt eine höhere Ausnutzung als die betriebsstoffintensive Wärmekraft. Diese Vergleichsart gilt indes nur mit einigen Einschränkungen. Denn eine in den leistungsabhängigen Teilen billig auszubauende Wasserkraft kann durch ein Schwellbecken befähigt werden, auch bei nur achtstündiger Tagesbelastung

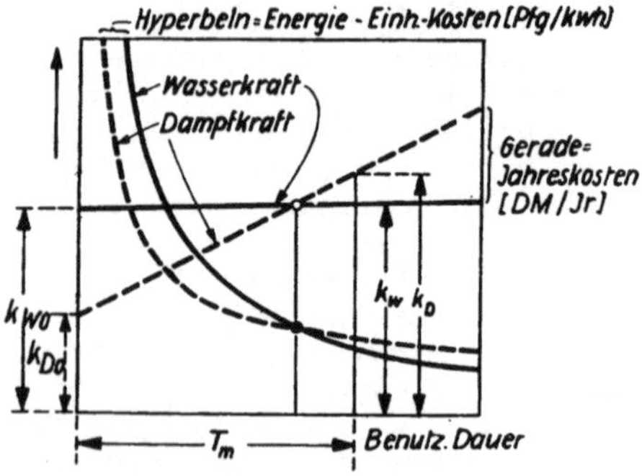

Abb. 31: Jahreskosten von Wasserkraft- und Wärmekraft abhängig von der Werkausnutzung T_m

(Ausnutzungsdauer im Jahr nur $\frac{24 \cdot 365}{8 \cdot 300} = 0{,}27$) überlegen wirtschaftlich zu erzeugen. Andererseits hat die Entwicklung der großen Dampfkraftwerke dahin geführt, daß sie gerade unter 24stündiger und vielmonatiger Dauerbelastung sehr niedrigen Brennstoffverbrauch entwickeln, während sie unter schwankendem und unterbrochenem Betrieb schweren Schaden leiden (S. 64). Diese Zusammenhänge haben auch in Deutschland mit zur Ausbreitung der Kraftwasserspeicherung jeden Grades beigetragen und die Wasserkraft trotz weitgetriebener Betriebswirtschaftlichkeit der Dampfzentralen in ihrer Wertschätzung eher steigen als sinken lassen.

Die früher oft übertrieben betonte Kontroverse „Wasserkraft oder Wärmekraft" gilt heute mit Recht als verfehlt. An ihre Stelle ist auch in brennstoffreichen Ländern die Erkenntnis getreten, daß das wirtschaftliche Optimum in der Verbundarbeit beider Energiequellen zu suchen ist, die sich zum gegenseitigen Vorteil in die gegebenen Belastungsverhältnisse nach Maßgabe ihrer spezifischen Betriebswirtschaftlichkeit, ihrer mehr oder minder großen Ständigkeit, Anpassungsfähigkeit und Reservebereitschaft einzufügen haben.

9. Wasserrecht und -verwaltung

Zum Ausbau und zur Nutzung einer Wasserkraft bedarf es in den meisten Ländern einer Konzession oder Verleihung und daneben oft noch einer Baugenehmigung für die Erstellung der Stauwerke, Umleitungen usw. Die Rechtsgrundlagen dafür sind in „Wassergesetzen" und Verwaltungsvorschriften festgelegt, die von Land zu Land, z. T. wesentliche, grundsätzliche Unterschiede aufweisen.

1. Wassergesetze

a) Deutschland[1], [2]

Das vor 1945 in Vorbereitung gewesene einheitliche Reichswasserrecht dürfte kaum bald Wirklichkeit werden, so daß die verschiedenen z. T. über 50 Jahre alten Ländergesetze weiterhin maßgebend bleiben, soweit nicht bestehende reichsrechtliche Vorschriften dem Landesrecht vorgehen, z. B. das Energiewirtschaftsgesetz vom 13. Dezember 1935.

In den Nachfolgeländern Preußens dürfte das preußische Wassergesetz von 7. April 1913 mit allen späteren Änderungen vorerst Gültigkeit behalten. Nach diesem werden Nutzungsrechte an Gewässern durch Verleihung

[1]) Mitt. d. Reichsverbandes d. deutschen Wawi, Heft 8, 11, 13, 14, 16, 18 und 19.

[2]) A. Wüsthoff, Handb. d. deutschen Wasserrechts, Schmidt Verl., Berlin, 1949.

seitens einer Verleihungsbehörde erworben. Die verliehenen Rechte werden in Wasserbücher beim Regierungspräsidenten eingetragen.

Das Gesetz regelt das Eigentum an den Wasserläufen, enthält Bestimmungen über ihre Nutzung und über Errichtung und Betrieb von Stauanlagen mit wichtigen Sondervorschriften[1]) für Talsperren. Ausführungsanweisungen regeln die Durchführung des Verleihungsverfahrens.

Für Bayern gilt das Wassergesetz vom 23. März 1907. Die Flüsse sind hier Eigentum des Staates. Zum Ausbau von Wasserkräften an Flüssen wird nur eine zeitlich befristete Erlaubnis (etwa 70 Jahre) erteilt, aber kein Recht verliehen. Dafür ist ein „Wasserzins“ zu entrichten. Nach Ablauf der Nutzungserlaubnis erfolgt Heimfall der Anlagen an den Staat.

Baden hat das Wassergesetz vom 26. Juni 1899 mit späteren Abänderungen. Das Eigentum an größeren, als „öffentlich“ erklärten Gewässern ist beim Staat, während die nicht öffentlichen Wasserläufe den Gemeinden gehören. Das Recht auf Nutzung der Wasserläufe wird gegen Entgelt auf ewige Dauer oder auf Zeit verliehen, u. U. auch auf Widerruf. Das Eigentum am Gewässer ist nicht übertragbar. Hessen, Sachsen, Thüringen haben ihre eigenen Wassergesetze.

Wüsthoff bringt in seinem Handbuch des deutschen Wasserrechtes über die wasserrechtlichen Verhältnisse und Zuständigkeiten in den einzelnen Ländern Deutschlands eine umfassende Übersicht.

b) Ausland[2])

Die meisten europäischen Länder mit Wasserkraftvorräten haben eingehende gesetzliche Bestimmungen über die Wassernutzung und besonders die Wasserkraft-

---

[1]) Anleitung für den Entwurf, Bau und Betrieb von Talsperren, DIN 19 700, Ausgabe 1953. Stauanlagen, Richtlinien für den Entwurf, Bau und Betrieb, Teil I. Talsperren.

[2]) Wasserkraftjahrbücher 1928/1929 und 1930/1931, München. Ludin, Die Nordischen Wasserkräfte, 1930, Springer-Verlag.

nutzung erlassen (Schweiz: Bundesgesetz über die Nutzbarmachung der Wasserkräfte vom 22. Dezember 1916; Schweden: Gesetz vom Jahre 1919; Italien: Gesetz vom 2. und 9. Oktober 1919; Frankreich: Gesetz vom 16. Oktober 1919).

2. Konzessions- oder Verleihungsverfahren

Mit dem Antrag auf Verleihung des Rechtes oder auf Erteilung der Erlaubnis zur Ausnutzung von Wasserkräften sowie auf Genehmigung des Staurechtes ist in Deutschland und in den meisten Fremdländern der Verleihungsbehörde ein eingehender Entwurf der geplanten Wasserkraftanlage zur Prüfung und Genehmigung vorzulegen.

Der Entwurf enthält die Beschreibung der Anlage und die erforderlichen Erläuterungen mit den technischen Daten, den hydraulischen, statischen und hydrologischen Unterlagen wie Lagepläne, Längs- und Querschnitte des Flußlaufes, Grundrisse und Schnitte der Bauwerke, Darstellung der wasserwirtschaftlichen Verhältnisse, Katasterpläne mit Grundstücksverzeichnissen sowie den nötigen geologischen und anderweitigen Gutachten.

Die Verleihungsbehörde prüft, ob die gesetzlichen Voraussetzungen für die Verleihung vorliegen, macht das Verfahren öffentlich bekannt, legt den Entwurf zur Einsichtnahme öffentlich aus und nimmt Einsprüche zur Prüfung entgegen.

Nach Durchführung des Verfahrens erfolgt die Ausfertigung der Verleihungsurkunde, in der alle bei Ausführung und Betrieb der Anlage einzuhaltenden Bedingungen aufgeführt sind. Der geprüfte und genehmigte Entwurf wird Bestandteil der Urkunde.

Die neuere Entwicklung zielt auf einen gerechten, dem Gesamtwohl bestmöglich dienenden Ausgleich der vielartigen wasserwirtschaftlichen Ansprüche an die Wasserschätze eines Stromgebietes. Diesem Ziel dient die wasserwirtschaftliche Generalplanung, die Hand in Hand mit der allgemeinen Raumplanung für die einzelnen Gewässer elastisch zu handhabende Rahmenpläne schafft, in die sich das einzelne Ausbauvorhaben mit seinem Verleihungsentwurf und -antrag von Anbeginn an einpassen soll.

C. Beispiele ausgeführter Wasserkraftanlagen

10. Der Innausbau und das Staukraftwerk Simbach-Braunau[1])

Der Inn, der stärkste der alpinen Nebenflüsse der Donau, führt bei Wasserburg (Abb. 32) aus einem Einzugsgebiet von rund 12 000 km² im Mittel 366, und nach Verstärkung durch die Salzach oberhalb Braunau von rund 22 900 km² 703 m³/s ab.

Für die Wasserkraftnutzung auf der ganzen, rund 220 km langen Innstrecke zwischen dem Eintritt in bayerisches Gebiet unterhalb Kufstein und der Ein-

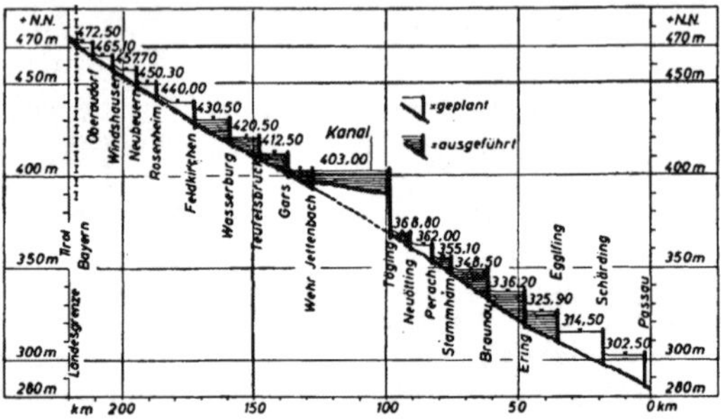

Abb. 32: Ausbau des Inns, Längsschnitt (Innwerke AG.)

---

1) Druckschrift d. Österr.-Bayer. Kraftwerke AG., Simbach, Innstufe Simbach-Braunau, und Aufsatz v. Weech, Das Flußkraftwerk Braunau d. Österr.-Bayer. Kraftwerke AG., Töging. D. Bauw. H. 4/5, 1952, u. Schw. Bztg. 1954. Geziemender Dank den Vorständen genannter Unternehmungen!

mündung in die Donau bei Passau mit einer Gesamtfallhöhe von rund 182 m liegt ein Gesamtausbauplan der im Jahre 1917 gegründeten Innwerk AG. vor, dessen Durchführung ständig fortschreitet.

Insgesamt sind 17 Kraftstufen mit 740 000 kW Ausbauleistung und 4421 GWh/Jr. elektrischer Jahresarbeit geplant, von denen bis 1954 acht Stufen mit 419 500 kW und 2546 GWh/Jr. in Betrieb standen, eine neunte, Stamham, mit 23 000 kW und 134 GWh/Jr. der Vollendung nahe war und für acht Stufen mit 297 500 kW und 1741 GWh baureife Projekte vorlagen.

Mit Ausnahme der zuerst in Angriff genommenen, seit 1924 in Betrieb befindlichen großen Kanal-Mitteldruck-Stufe Töging ($H = 34$ m, $N_v = 84\,000$ kW und $ME = 568$ GWh/Jr.) sind alle übrigen Stufen als Staukraftwerke angelegt. — In der Planung dieser 16 Niederdruckstufen konnten die Innwerke sich auf die epochemachende Erfindung der Kaplanturbine und die Entwicklung des neuzeitlichen Stahlwasserbaues stützen; sie haben aber ihrerseits mit der im eigenen Ingenieurbüro immer vollkommener durchgearbeiteten baulichen Durchbildung ihrer Anlagen wesentlich zur Entwicklung eines modernen Typs großer Niederdruckkraftwerke eigener Prägung beigetragen (Abb. 33—36).

Die als Grenzkraftwerk von einer eigens gegründeten internationalen Gesellschaft, der Österreichisch-Bayerischen Kraftwerke AG. in Töging, ausgebaute Anlage S i m b a c h - B r a u n a u stellt diesen Typ in letzter Vervollkommnung dar. Das fünf Öffnungen von 23 m Lichtweite und 13,5 m Höhe der Doppelschützenverschlüsse umfassende, zur Abfuhr eines $HHW = 6200$ m³/s durch vier Öffnungen allein befähigte Stauwehr liegt mit dem vier Maschineneinheiten umfassenden Kraftwerkblock in einer Achse quer zum Fluß, dessen rund 200 m breites Regulierungsprofil zu drei Viertel vom Wehr eingenommen wird, während das rechtsufrig angeordnete rund 100 m lange Kraftwerk eine flache Flußverbreiterung beanspruchte.

Abb. 33—36: Innkraftwerk Simbach-Braunau (Österreichisch-Bayerische Kraftwerke AG.)

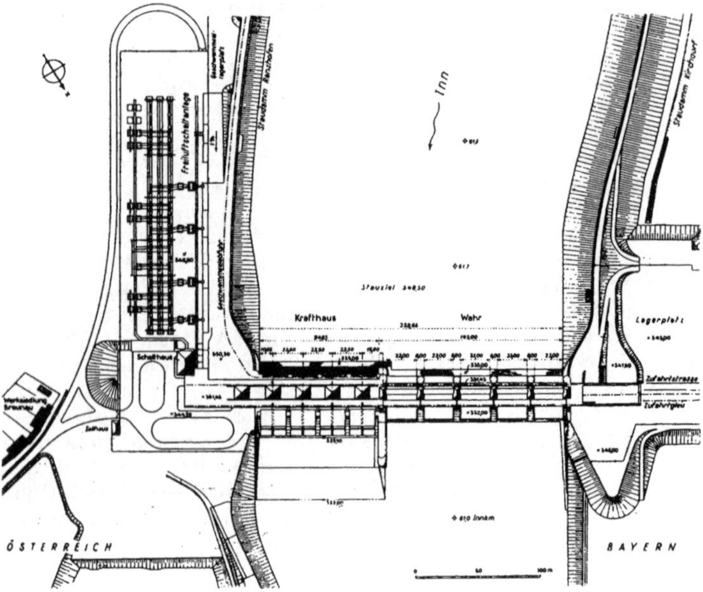

Abb. 33: Lageplan

Durch Anwendung des neuzeitlichen Kunstgriffs, die Aufzugsketten am unteren Schützrand angreifen zu lassen, wurden hohe Wehrpfeiler vermieden, und durch Ersatz der gemeinsamen Maschinenhalle durch die „Freiluftbauweise“ mit getrennten, abnehmbaren Stahlhauben über jedem einzelnen Maschinensatz wurde für das ganze Stauwerk eine gleichmäßig tief liegende Horizontale als obere Umrißlinie und gute Anpassung an das von Natur weite und flache Landschaftsbild gewonnen.

Ein über das ganze Stauwerk verfahrbarer Portal-

und Auslegerkran dient dem Wehr und dem Kraftwerk für alle im Bau und Betrieb nötig fallenden Lastbewegungen: Ein- und Aussetzen der Stromerzeuger und Turbinen, der Notverschlüsse für die Turbinenein- und -ausläufe und der Wehrdammbalken.

Die vor allem auch wirtschaftlich vorteilhaft wirkende Beschränkung der Querschnittsabmessungen der Bau-

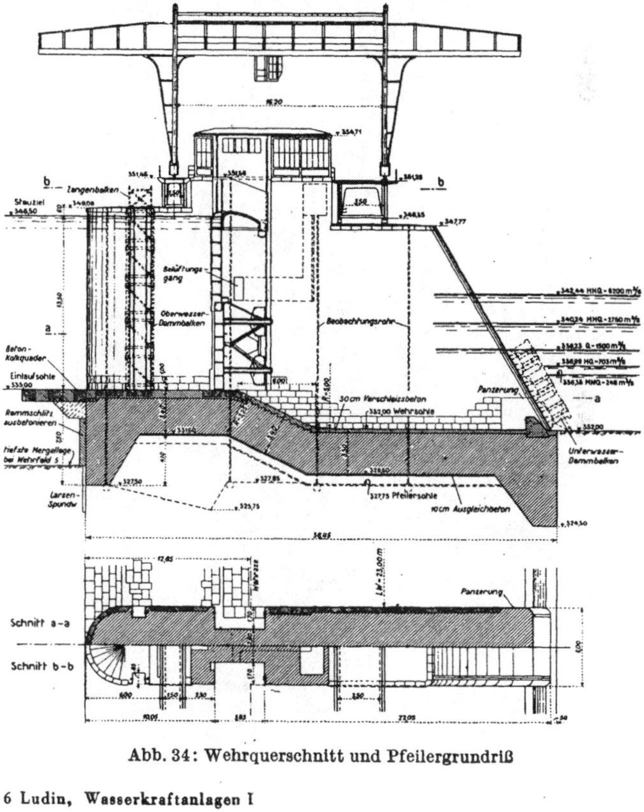

Abb. 34: Wehrquerschnitt und Pfeilergrundriß

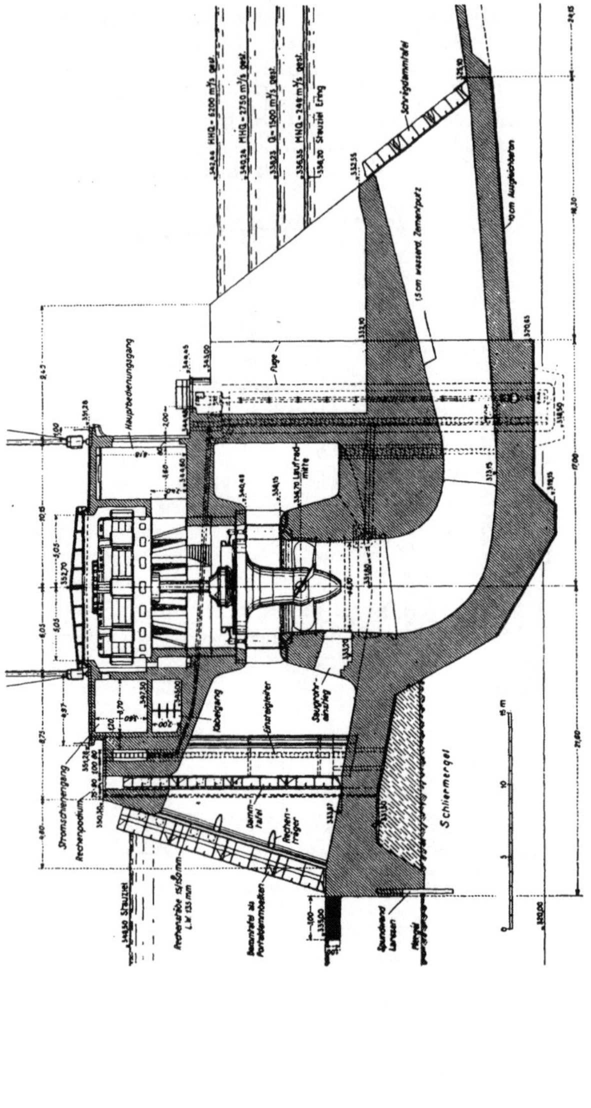

Abb. 35: Kraftwerk-Querschnitt

werke wurde auch in der Breite, d. i. der Fließrichtung des Wassers angestrebt.

Beim Kraftwerk: mit der gebotenen Rücksicht auf guten Wirkungsgrad des der Umsetzung von kinetischer Energie in Druckhöhe dienenden Saugrohrs; beim Wehr: durch mäßige Verkürzung des Tosbeckens unter die zur völligen Vermeidung von Kolken im Hinterwehrbett benötigte Länge; die entstehenden Kolke werden im Betrieb durch Einwurf großer Steinblöcke auf das erträgliche Maß beschränkt.

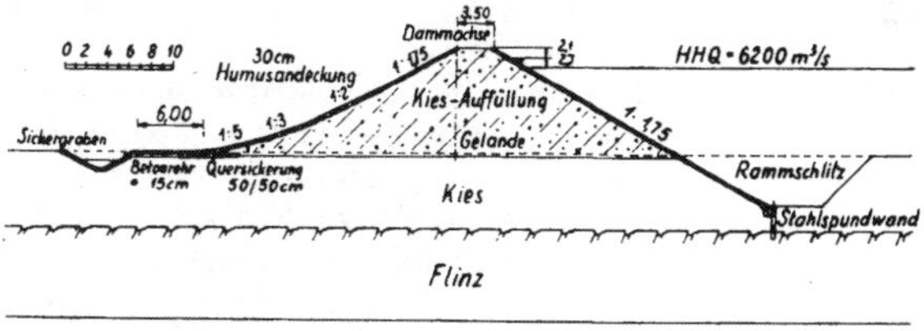

Abb. 36: Normalquerschnitt der Rückstaudämme

Günstige geologische Verhältnisse, das hohe Anstehen der im Voralpengebiet weit verbreiteten, als Flinz oder Schlier bekannten tertiären Meeresablagerung von reichlicher Tragfähigkeit und Undurchlässigkeit, vereinfachten die Hochwasserfreilegung der in zwei großen Abschnitten abgespundeten Baugrube und die Sicherung der Bauwerke gegen Unterläufigkeit.

Dieselben Verhältnisse begünstigten auch die Wahl der für eine Niederung bedeutenden Stauhöhe von 11,5 m über MW und die Hochwasserfreihaltung der landwirtschaftlich wertvollen Gelände durch beiderseitig die Stauhaltung begleitende Rückstaudämme, die von den Innwerken schon wiederholt mit Erfolg angewandt und hier in der beachtlichen Höhe von bis zu 11,0 m und in einer Gesamtlänge von 23,6 km (Abb. 36) verwendet wurden. Die Dämme sind aus Kies, der durch

Einschlämmen gedichtet wurde, in Lagen von 1 m geschüttet und haben wasserseitig eine Betonschale als Dichtung und Schutz. Am Fuß stellt in den über 5 m hohen Dammstrecken eine Stahlspundwand den Anschluß an den dichten Flinz her. Die Dammneigung ist wasserseitig 1:1,75, luftseitig nimmt sie von der Krone zum Dammfuß von 1:1,75 bis 1:5 stetig ab.

Die Oberfläche der Stauhaltung bedeckt bei MW rund 7,35 km^2. Die Höhe der Dammkrone ist auf den Zustand nach maximal möglicher Sinkstoffablagerung eingerichtet. Das in den oberen Haltungsteilen ausfallende Geschiebe soll wie bei anderen Innstufen laufend ausgebaggert werden.

Hinter dem ununterbrochen über die vier Einlauföffnungen des Kraftwerks durchgehenden Rechen ist ein Dammbalkennotverschluß abwechselnd einsetzbar. Auf fest vor jeder Öffnung angeordnete Einlaufschützen ist verzichtet. Um die Notverschlüsse für Turbinenein- und -auslauf und die Decken leichter zu halten, sind Ein- und Auslauf durch senkrechte Zwischenwände unterteilt. Der Notverschluß für den Auslauf ist statt in dessen halber Länge, am Ende des schräg abgeschnittenen Turbinensaugschlauches anzubringen, so daß kein Teil desselben unzugänglich bleibt (Abb. 35).

Der Stromschienengang für die Verbindung der Generatoren mit den Transformatoren in der am rechten Ufer angeordneten Freiluftanlage und der Meß- und Steuerkabelgang von den Maschinen zur Schaltanlage liegen oberwasserseitig, unterwasserseitig liegt ein gut belichteter Bedienungsgang zu den Haupt- und Hilfs-Maschinen, zum Regler und zum Erregerumformer.

Auf den Krafthaushochbau mit Innenkran wurde verzichtet. Die Maschinenteile werden vom Außenkran durch eine Öffnung, welche durch eine abnehmbare Haube überdeckt ist, hereingebracht. Der Zusammenbau der Maschinen und deren spätere Reparatur geht auf dem Abstellplatz vor sich, der sich — noch zum Kraftwerksblock gehörend — auf dem rechten Ufer anschließt und vom Montagekran durch eine Öffnung in der Decke bedient wird.

Jede Turbine verarbeitet bei Überöffnung[1]) maximal eine Wassermenge $Q = 254\ m^3/s$, das sind insgesamt $Q_v = 1016\ m^3/s$ oder etwa 80tägige Wasserführung, ein bemerkenswert hoher Ausbau. Das Stauziel liegt auf + 348,50 m ü. NN., so daß an Fallhöhe vorhanden sind

bei NNQ = 174 m^3/s	H = 12,22 m
bei MQ = 703 m^3/s	H = 11,50 m
bei HHQ = 5700 m^3/s	H = 5,90 m.

Jede Turbine hat bei der Konstruktionsfallhöhe H_T = 11,25 m und der Nennwassermenge $Q_v = 235\ m^3/s$ die Leistung N_v = 22 700 kW, die Werksausbauleistung ist N_v = rund 90 000 kW an den Generatorklemmen. Die vier Drehstromgeneratoren haben bei cos $\varphi = 0{,}75$ je eine Leistung N = 24 000 kW. Jedem Generator ist ein Transformator mit dem Übersetzungsverhältnis 10,5/110 kV in „Blockschaltung" zugeordnet.

Das Schalthaus und die Freiluftschaltanlage sind auf dem rechten Ufer angeordnet (Abb. 33).

Die Energieerzeugung in einem mittleren Jahr beträgt

im Winter (Oktober bis März)	176 GWh
im Sommer (April bis September)	337 GHh
insgesamt	513 GWh

11. Das Wehrpfeilerkraftwerk Lavamünd in der Drau[2])

Die energiereiche Strecke der Drau von Schwabeck bis Marburg war seit 1918 bei Faal durch eine hohe Niederdruckstufe alter Bauweise teilgenutzt[3]). Um 1941 begannen die Alpenelektrowerke AG. (AEW) einen planmäßigen Vollausbau mit dem Endziel des regelrechten Durchlaufschwellbetriebes und nahmen zunächst

[1]) Unter Überöffnung versteht man die Vollöffnung des Leitapparates über die durch Kavitationsrücksichten beschränkte Öffnung hinaus.

[2]) Österr. Draukraftwerke AG., Klagenfurt (Kärnten), Festschrift; geziemender Dank dem Vorstand!

[3]) Schw. Bztg. 1914, Bd. 63, S. 364.

folgende vier Staukraftstufen in Angriff: Schwabeck (60 000 kW) als führendes Schwellwerk, Lavamünd (22 000 kW), Drauburg (heute: Dravograd) (22 000 kW), Marburg (heute: Maribor) (50 000 kW). Alle sind auf etwa 80tägige Wasserführung als Ausbauwassermenge ausgelegt. Nach Übergang der Werke Faal, Drauburg, Marburg an Jugoslawien wurde um 1950 in diesem Abschnitt noch eine fünfte Anlage, Vusenica (49 000 kW), in Angriff genommen.

Mit Ausnahme von Schwabeck sind die von der AEW erbauten vier Anlagen in der von Grengg und Laufer neu entwickelten Bauweise des Pfeilerkraftwerks entworfen, als deren Vertreter das Werk Lavamünd hier beschrieben werden soll. — Die Stauanlage (Abb. 37)

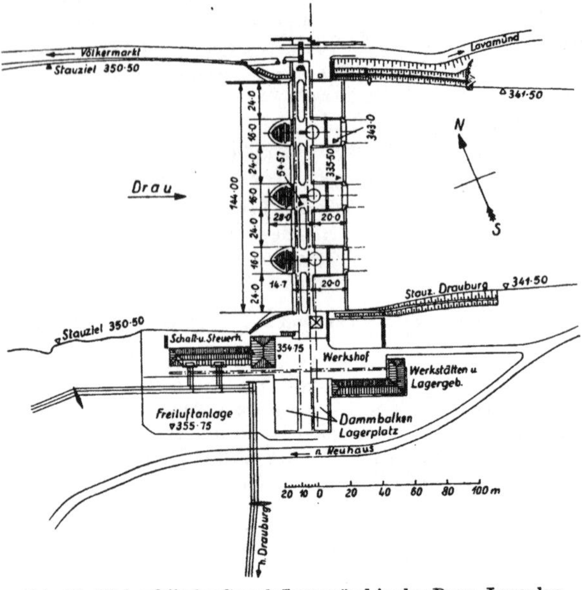

Abb. 37: Wehrpfeilerkraftwerk Lavamünd in der Drau, Lageplan

umfaßt vier Wehröffnungen von je 24 m lichter Weite und drei je 16 m breite Turbinenpfeiler. Die Wehröffnungen sind durch 11 m hohe Hakendoppelschützen abgeschlossen und führen bei höchstem Hochwasser 5000 m^3/s ab (Abb. 38).

In jedem entsprechend ausgestalteten Wehrpfeiler ist ein Maschinensatz untergebracht. Er besteht aus einer senkrechten Kaplanturbine mit einer größten Schluck-

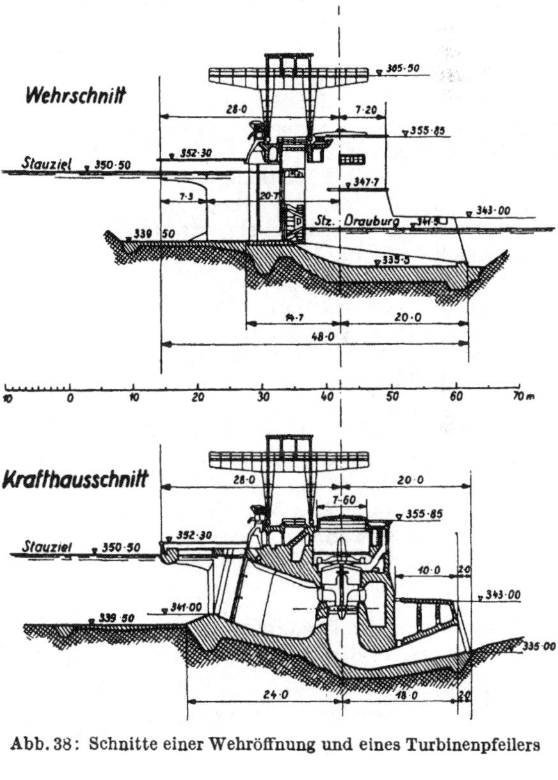

Abb. 38: Schnitte einer Wehröffnung und eines Turbinenpfeilers

fähigkeit von 128 m^3/s und 7710 kW Höchstleistung und aus einem direkt gekuppelten Stromerzeuger von 10 000 kVA Leistung, Drehzahl ist n = 100 U/min. Jedes Pfeilerkrafthaus ist in gedrängter Form in Freiluftbauweise angeordnet und umfaßt auch die Schützwindwerke des Pfeilers (Abb. 38).

Ein Portalkran mit beiderseitigen Auslegern bedient die Maschinenräume und die Notverschlüsse der Ein- und Ausläufe sowie der Wehröffnungen.

Die Werk-Ausbauwassermenge $Q_v = 384$ m^3/s entspricht der im langjährigen Durchschnitt 80tägig verfügbaren Abflußmenge. Die größte Fallhöhe ist 9,0, die mittlere 8,3 m. Die Werkleistung schwankt zwischen 22 000 und 7000 kW. Das durchschnittliche Jahresarbeitsvermögen beträgt 183 GWh, wovon 62 % Sommerarbeit sind. Schaltwarte und Schalthaus sind auf dem rechten Ufer in einem von der Stauanlage getrennten Gebäude parallel zum Flußlauf untergebracht. Hier befindet sich auch die Freiluftschaltanlage (Abb. 37).

Veranlassung zur Entwicklung der neuartigen Bauweise war die Aussicht auf Einsparung an Baulänge, eine gleichmäßigere Anströmung der Turbinen, geringe Fallhöhenverluste und Verbesserung der Abführung von Geschiebe und Treibeis. Aus der räumlichen Aufteilung der Maschinenanlage in mehrere getrennte Krafthäuser sind betriebliche Nachteile nach Angabe der Betriebsleitung nicht erwachsen, was der hochentwickelten Automatisierung der Überwachung und Steuerung der großen Maschinen zu danken ist. Vorschläge zur Fortentwicklung der schon bewährten Bauweise siehe Schulz in Mitt. 42 Inst. W.-bau T. U. Berlin 1954.

12. Das Wehrschwellenkraftwerk Pitzling im Lech mit Rohrturbinen

Der Ausbauplan für die Wasserkräfte des Lechs abwärts des Kopfspeichers Roßhaupten bis Landsberg sieht den Ausbau in durchweg gleich hohen und gleichartigen

Wehrschwellenkraftwerken[1]) vor. Diese Bauform verwendet waagrecht in Stromrichtung in die überströmbare Wehrschwelle eingebaute Rohrturbinen mit durchströmtem Generator (Abb. 39). Sie will u. a., ähnlich dem Wehrpfeilerkraftwerk, durch Verteilung einer Vielzahl solcher Einheiten über die ganze Wehrbreite eine gleichmäßige ablenkungsfreie Anströmung der Turbinen und der dazwischen eingebauten Tiefablässe

Abb. 39—41: Wehrschwellenkraftwerk Pitzling
(Stufe XIV der Bayerischen Wasserkraftwerke AG)

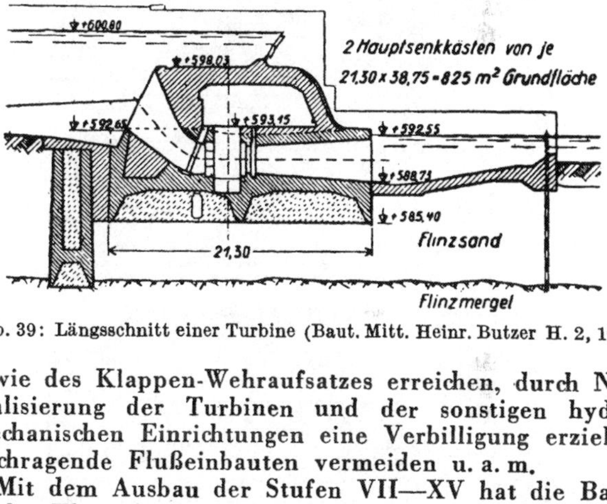

Abb. 39: Längsschnitt einer Turbine (Baut. Mitt. Heinr. Butzer H. 2, 1949)

sowie des Klappen-Wehraufsatzes erreichen, durch Normalisierung der Turbinen und der sonstigen hydromechanischen Einrichtungen eine Verbilligung erzielen, hochragende Flußeinbauten vermeiden u. a. m.

Mit dem Ausbau der Stufen VII—XV hat die Bayerische Wasserkraftwerke AG (Bawag) 1940 begonnen. Die Kraftwerke wurden z. T. erst nach 1945 fertiggestellt und in Betrieb genommen. Alle Stufen sind mit rd. 8,00 m Fallhöhe und 120 m^3/s Ausbauwassermenge (75-tägige) ausgelegt. Jede hat eine Ausbauleistung von 7800 kW und ein elektrisches Arbeitsvermögen von etwa 36 GWh.

[1]) Vas, Über das Unterwasserkraftwerk. Österr. Wawiverband, H. 8, 1947. Partl: Neues v. d. Unterw.-Kraftwerken, Österr. Wawi 1950 S. 27—30.

In jedem Wehr liegen 6 Rohrturbinen von je 20 m^3/s Schluckfähigkeit, waagerecht eingebaut.

Abb. 40[1]) zeigt die bauliche Anordnung der Lechstufe XIV. Das enge Krafthaus mit den Maschinensätzen, den Verschlußorganen der Turbinen und Grundablässe und der sonstigen Ausrüstung ist in dem Wehr-

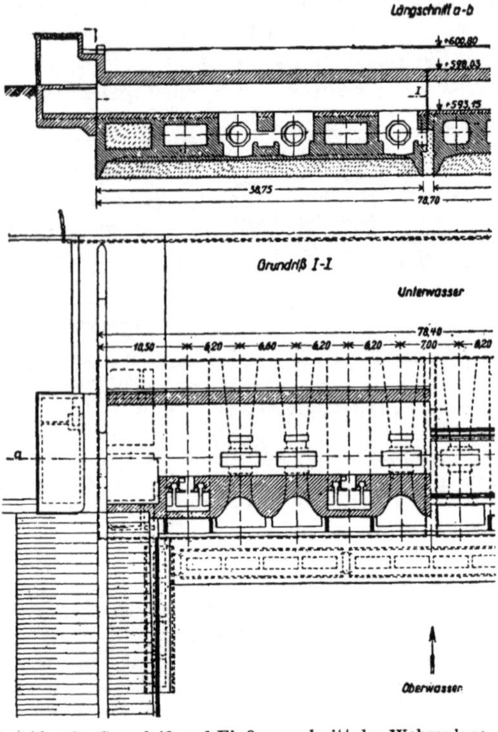

Abb. 40: Grundriß und Flußquerschnitt der Wehranlage

[1]) Bautechn. Mitt. d. Bauuntern. Heinr. Butzer, Dortmund, 17. Jahrg., S. 26.

hohlkörper untergebracht, der, in Talmitte angeordnet, 76 m Länge hat und bei Hochwasser überströmt wird (Abb. 41).

Ein Maschinenhauskran für Aus- und Einbau der Maschinen ist nicht vorhanden, was als Nachteil gelten muß (Abb. 39). Die durchgehende, aber unterteilte Stauklappe von 2,10 m Höhe ist vom Innern des Wehrkörpers aus durch Gestänge zu betätigen. 4 Grundablässe sind über den Wehrkörper gleichmäßig verteilt. Überfallwehr und Grundablässe vermögen bei einem Überstau von 0,56 m über Stauziel das größte Hochwasser HHQ = 1100 m³/s abzuführen.

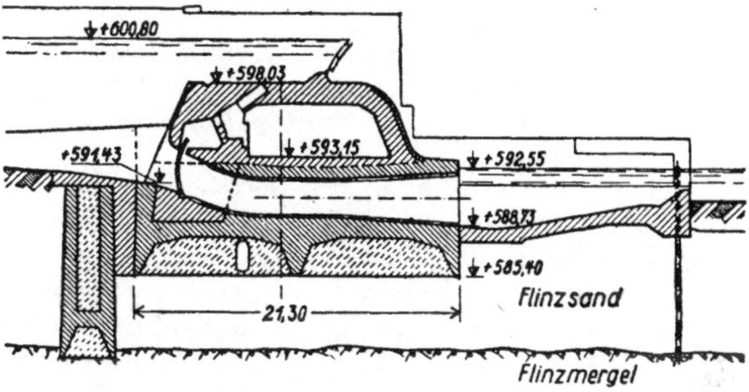

Abb. 41: Längsschnitt eines Grundablasses

Die Aufbauten an den Wehrenden enthalten die Zugänge zu dem Maschinengang. Auf dem linken Ufer liegt zwischen Eingangsgebäude und Wehrkörper ein Faltboothebewerk. Den Anschluß an die beiderseitigen Talhänge stellen Dämme her. Der Baukörper wurde im Gegensatz zu benachbarten, mit offener Teileinspundung ausgeführten Stufen auf große Druckluft-Stahlbetonsenkkästen gesetzt. Es wurden 2 Hauptsenkkästen von 21,30 m Breite und 38,75 m Länge von je 6000 t Eigengewicht niedergebracht. Der dichte Untergrund — Flinzmergel — liegt rd. 9 m unter der Baugrundfuge. Bei den geringen auftretenden Bodenpressungen — 2 kg/cm^2 — konnte man das Bauwerk unbedenklich auf Flinzsand setzen. Um die Unterläufigkeit des Wehrbauwerkes und damit die Gefahr des Grundbruches zu vermeiden, ist aber an der Oberwasserseite eine Druckluftsenkkastenschürze. bestehend aus 5 schmalen Stahlbetonsenkkästen, angeordnet, die bis 1 m tief in den dichten Flinzmergel eingreifen.

Auf der Unterwasserseite wurde am Ende des Wehrbodens eine Stahlspundwand geschlagen, um einen Schutz gegen unterhalb des Bauwerkes auftretende Kolke zu bieten.

Die Lechstufen werden planmäßig und mit Vorteil nach Inbetriebnahme der Talsperre Roßhaupten in Durchlaufspeicherung betrieben werden, wobei sie in der Niedrigwasserperiode tagsüber in der Zeit des größten Energiebedarfes möglichst mit voller Ausbauleistung eingesetzt werden[1]).

Die Anlage zeigte nach ihrer Inbetriebnahme wie alle gleichartigen Lechstufen zunächst häufige Störungen und Betriebsausfälle, da die Dichtung zwischen beweglichem Laufrad und festem Rohrteil konstruktiv lange nicht befriedigend und nicht genügend betriebssicher gelöst war. Nach Überwindung dieser Schwierigkeiten und Verbesserung der Dichtung kann die Anlage nach Auffassung der Betriebsleitung heute als genügend betriebssicher angesprochen werden[2]).

13. Das Talsperrenkraftwerk Génissiat in der Rhone

Der Ausbau der Rhône für Schiffahrt und Wasserkraftnutzung[3]) umfaßt die obere Rhône von der schweizerisch-französischen Grenze bis Lyon und die untere

---

[1]) Wolf, Die hydrologischen Grundlagen f. Verbundbetrieb Dampf-Wasser i. d. bayer. Energieversorgung. Mitt. d. Vereinig. d. Großkesselbesitzer (VGB), H. 7/8, 1951.

[2]) Partl, Neues v. d. Unterwasser-Kraftwerken. Österr. Wawi, H. 1/2, 1950.

[3]) Denk, Der Rhôneausbau, Österr. Zeitschr. f. Elektr. Wirtsch. 3. Jg. Heft 1.

Rhône von Lyon bis zur Mündung. Die oberste Stufe der oberen Rhône wird durch die Talsperre Génissiat, eine Gewichtsstaumauer aus Beton, gebildet. Am Fuß der Sperre liegt das Kraftwerk mit einer Gesamtausbauleistung $N_V = 390\,000$ kW und einem elektrischen Arbeitsvermögen von E = 1690 GWh/Jahr.

Die Stauanlage erfaßt ein Einzugsgebiet von 10 910 km^2. Die Wasserführung, durch den Genfer See halbwegs ausgeglichen, schwankt von NQ = 140 m^3/s bis

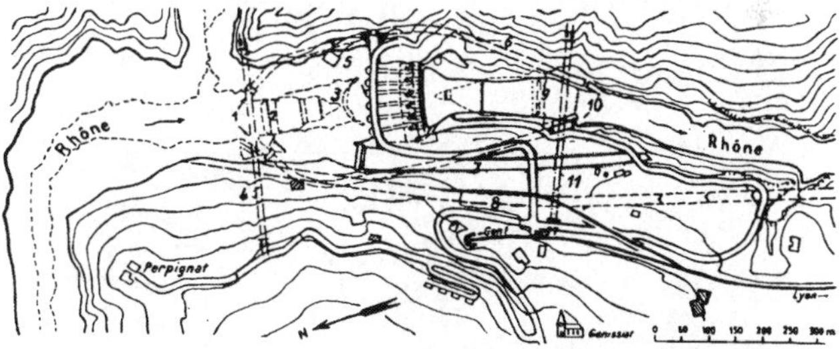

Abb. 42: Talsperrenkraftwerk Génissiat i. d. Rhône, Lageplan

HHQ = 2000 m^3/s. Die mittlere Wasserführung ist MQ = 395 m^3/s. Die leicht gekrümmte Staumauer[1]) (Abb. 42, 43) hat über der angetroffenen Tiefenrinne 104 m Höhe; die Krone ist 140 m lang und 9 m breit. Die größte Fundamentbreite ist 100 m und der Mauerinhalt 440 000 m^3. Die Anlage staut den Rhônefluß auf 23 km Länge zu einem Becken von 53 hm^3 Gesamtinhalt auf, von dem bei 5 m Absenkung 12 hm^3 energiewirtschaftlich nutzbar sind (also nur $12/395 \cdot 0{,}315 = 0{,}96\,\%$ Speicherausbaugrad!). An Hochwasserentlastungsanlagen sind vorhanden: auf dem rechten Ufer ein offener Hangkanal für 1700 m^3/s und ein Grundablaßstollen für 600 m^3/s sowie auf dem linken Ufer ein Stollen für 1240 m^3/s.

1) Stambach, Das Rhônekraftwerk Génissiat. Schw. Bauztg., H. 7, vom 14. Februar 1948.

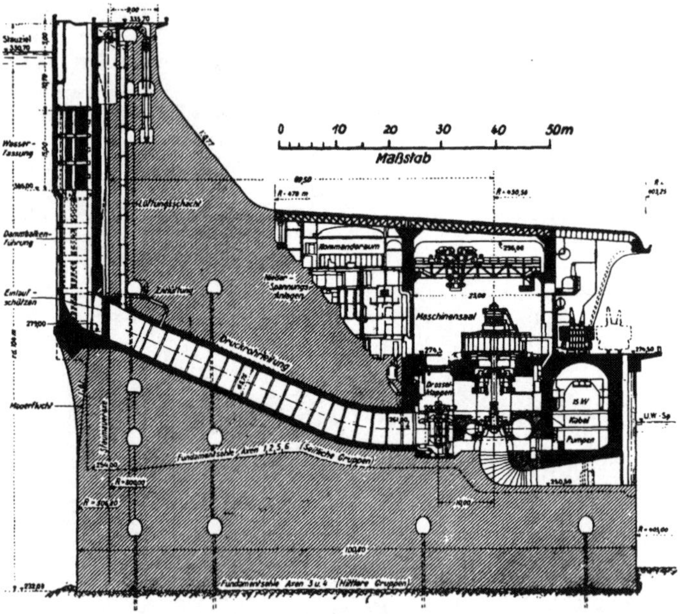

Abb. 43: Talsperrenkraftwerk Génissiat, Querschnitt der Staumauer mit Kraftwerk

Das Krafthaus[1]) am Mauerfuß hat 143 m Länge, 23 m Breite und 23 m Höhe. Der Krafthausflur liegt etwa 43 m über der tiefsten Gründungssohle (Tiefenrinne!). Das Krafthaus ist im Grundriß gleich der Staumauer leicht gekrümmt, in Maschinenachse nach einem Radius R = 430,50 m.

Die sechs Francisspiralturbinen mit senkrechter Welle und direkt gekuppeltem Stromerzeuger schlucken je

[1]) Archinard, L'aménagement du Rhône et l'usine de Génissiat. Schweiz. W.- u. En.wirtsch., H. 9, 1947.

120 m^3/s und nützen eine Fallhöhe von 60—69 m. Bei 64,5 m Fallhöhe leistet jede Maschine 65 000 kW. Die Turbine hat eine Drehzahl von 150 U/min und ein Gewicht von 600 t. Jeder Turbine strömt das Wasser durch eine eigene Druckrohrleitung aus Stahl von 5,75 m Durchmesser und 57 m Länge zu. Die Druckrohrleitung ist in die Staumauer eingebettet und hat am Einlauf einen Dammbalkenverschluß und eine Schnellschlußschütze und vor dem Spiraleneinlauf eine Drosselklappe als Verschlüsse. Das Einlaufbauwerk für jede Rohrleitung ist als kreiszylindrischer Käfig ausgebildet und mit Rechentafeln von 10 cm Stabentfernung ausgerüstet.

Die Stromerzeuger arbeiten mit 15 000 V Maschinenspannung, haben 7 m Rotordurchmesser und wiegen einschließlich Zubehör je 750 t. Jedem Stromerzeuger ist ein Umspanner für 15/220 kV zugeordnet. Die Umspanner stehen auf dem unterwasserseitigen Podium außerhalb des Krafthauses.

Schaltwarte und Eigenbedarfsschaltanlage liegen zwischen Krafthaus und Mauer. Der Eigenversorgung dienen zwei Hausmaschinen mit je 2000 kVA Leistung.

Die Energie geht über je eine Hochspannungsleitung nach Paris und Lyon.

14. Das Kanal-Speicher-Kraftwerk Deichow am Bober[1])

Das Boberkraftwerk Deichow ist ein Kanalkraftwerk, das bis zu seiner Demontage im Jahre 1946 als Spitzenkraftwerk betrieben wurde. Es wurde in den Jahren 1933—1936 von den Märkischen Elektrizitätswerken (MEW), Berlin, erbaut und liegt in dem heute unter polnischer Verwaltung stehenden Ostgebiet.

Die Hauptbestandteile der Anlage (Abb. 44 und Abb. 45) sind das Stauwehr im Bober bei Kriebau mit dem Staubecken Zeschau, der Werkkanal mit Einlauf-

[1]) H. Pussel und K. Pester: Das Boberkraftwerk. Siemens-Zeitschrift, H. 12, 1938.

Abb. 44—47: Boberkraftwerk Deichow

Abb. 44: Übersichtskarte

und Abschlußbauwerk, das Speicherbecken, der Spitzenkraftwasserkanal, das Wasserschloß, die Druckrohrleitung, das Krafthaus mit Freiluftstation und schließlich der Untergraben. Weiterhin gehören noch hinzu das untere Ausgleichbecken und die Stauanlage Crossen, bestehend aus Stauwehr und Krafthaus.

Das Stauwehr bei Kriebau staut den Bober um 5,90 m über Flußsohle auf und schafft ein Staubecken von 2,4 Mio m^3, von denen zwischen Stauziel + 73,30 m^3 ü. NN. und Absenkziel + 72,0 m ü. NN. 1,14 Mio m^3 nutzbar sind, um die häufigen kurz dauernden Anschwellungen des in den Sudeten entspringenden und durch einige Hochwasserschutztalsperren nur unvollkommen regulierten, von Natur sehr unruhigen Flusses teilweise aufzufangen.

Das Wehr besteht aus drei Öffnungen von je 24 m lichter Weite und 5,90 m Höhe. Als Verschlüsse wurden

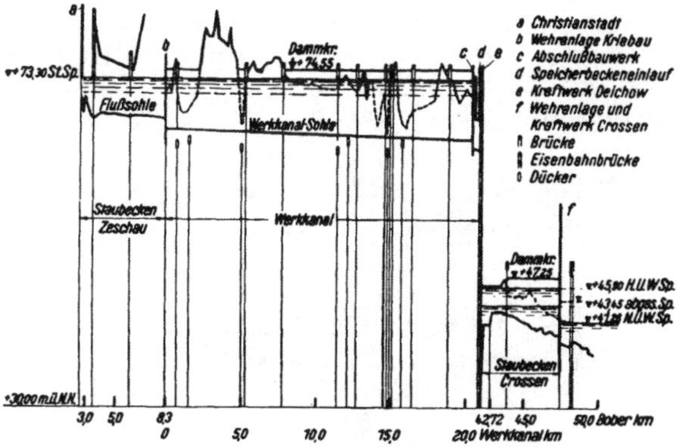

Abb. 45: Übersichts-Längsschnitt

Viergurt-Rollschützen mit aufgesetzter verdrehungssteifer Klappe von 1,50 m Höhe eingebaut. Die Windwerke zur Bedienung der Verschlüsse sind in den Windwerkshäusern der Wehrpfeiler untergebracht. Das Wehr ist für ein Hochwasser von 1100 m³/s bemessen.

Das Kanaleinlaufbauwerk hat drei 6,00 m breite und 5,80 m hohe Öffnungen mit Rollschützen. Dem Einlaufbauwerk vorgelagert ist eine rund 3 m hohe und 84 m lange Kiesschwelle mit Grobrechen, welche das Geschiebe dem Werkkanal fernhalten soll.

Der 20,4 km lange Werkkanal (Abb. 46) ist für ein $Q_v = 100$ m³/s bemessen. Er hat eine Sohlenbreite von 3,50 m und 1:2 geneigte Böschungen und ist mit einer 15 cm bzw. 18 cm starken Betonschale bis 0,5 m über dem Wasserspiegel ausgekleidet. In den Auftragsstrecken sind die luftseitigen Böschungen von oben nach unten 1:1,5, 1:2 und 1:3.

Das Sohlengefälle ist 0,063 ‰. Der mittlere Querschnitt hat bei Stau + 73,30 7,35 m Wassertiefe und 32,90 m Spiegelbreite und ist 133,8 m² groß.

Zur Herstellung des Werkkanals waren 2,2 Mio m³ Erdbewegung nötig. Für die Betonverkleidung wurden 130 000 m³ Beton gebraucht, wobei die Oberflächenbehandlung 780 000 m² erfaßte.

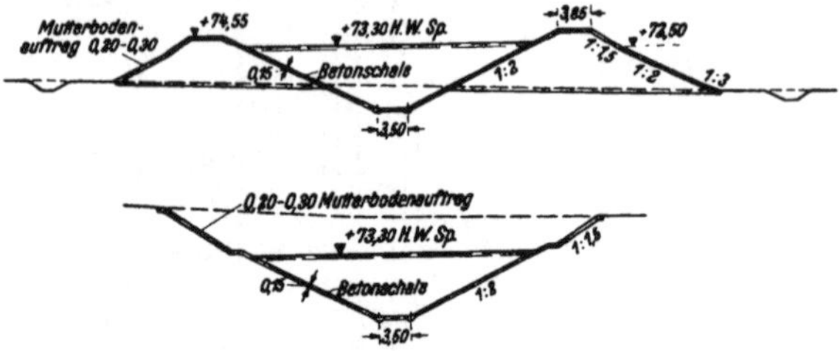

Abb. 46: Normalprofile des Kanals

Am Ende dieses Zubringerkanals zum Speicherbecken liegt ein Abschlußbauwerk, welches die Aufgabe hat, den Zubringer gegen das Speicherbecken abzuschließen und die Wassergeschwindigkeit im Zulauf bei absinkendem Speicherbecken regeln zu lassen. Das Bauwerk hat 3 Öffnungen mit je 5 m lichter Weite bei 8 m Wassertiefe, die durch elektrisch angetriebene Rollschützen verschlossen werden können.

Das Speicherbecken (Fassungsraum von 4 Mio m³ bei 3,6 Mio m³ Nutzinhalt) stellt ein elektrisches Arbeitsvermögen von 235 000 kWh dar. Der Beckenuntergrund besteht aus durchlässigen Kiesen und Sanden der Hochgestade des Odertals. Zur Abdichtung wurde eine durchgehende 20 cm starke Geschiebelehmschicht aufgebracht, die durch eine 0,60 m starke Kiessandabdeckung geschützt wurde. Die Dämme des Speicherbeckens haben wasserseitig eine Neigung 1:3 und luftseitig oberhalb der 2,20 m breiten und 2,50 m unter Dammkrone liegenden Berme eine Neigung 1:2, unterhalb: 1:3. An der Wasserseite ist eine 0,40 m bis 0,70 m mächtige und in zwei Lagen aufgebrachte Geschiebelehmschürze als Dichtung vorhanden, die gegen Wellenschlag und Austrocknen durch eine Kiessandschicht und eine darüber liegende 0,30 m starke Schotterlage auf Splitt geschützt ist.

Vom Speicherbecken führt der Spitzenwerkkanal, für $Q_V = 330\ m^3/s$ bemessen, zum betonierten Wasserschloß (Abb. 47, 12c). Dieses ist auf einer über dem Geschiebemergel liegenden Feinsandschicht gegründet. Es wurde biegungssteif bewehrt und ohne Fugen betoniert. Der Einlauf aus dem Wasserschloß zu den Turbinenrohren ist durch einen durchgehenden Feinrechen von 47 m Gesamtbreite geschützt. Die Rechenstäbe haben 10,50 m Länge und 5 cm lichten Abstand. Vom Wasserschloß führen drei Stahl-Druckrohrleitungen von 6,40 m Durchmesser zum Krafthaus.

Jede Rohrleitung lagert auf einem durchlaufenden, von Spundbohlen eingefaßten Betonlängsträger und ist mit einem Schnellschluß-Rollschütz von 8,00 m lichter Weite und 7,50 m Höhe und einem Dammbalken-Not-

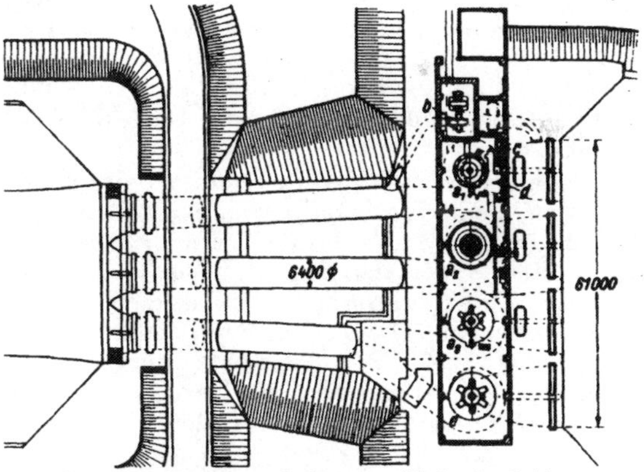

Abb. 47: Grundriß des Kraftwerks
(Längsschnitt = Abb. 12 c!)

verschluß am Einlauf versehen. Von der linken äußeren Rohrleitung gehen vor dem Krafthaus die Abzweigleitungen zu den zwei Speicherpumpen ab.

Die Rohrleitungen wurden überdeckt verlegt. Um ungleichmäßige Setzungen zwischen Krafthausblock, Rohrbahn und Wasserschloß aufzunehmen, wurden am Austritt aus dem Wasserschloß und unmittelbar vor der Turbinenspirale Setzungsgelenke in den Rohrleitungen angeordnet. Die Rohrwandstärken nehmen von 12 mm am Einlauf auf 19 mm am unteren Ende vor den Turbinen zu.

Im Krafthaus (Abb. 47, 12c) waren drei senkrechte Kaplanspiralgehäuse-Turbinen mit direkt gekuppelten Generatoren aufgestellt, die bei 29,80 m größter Fallhöhe und 100 m^3/s Aufschlagswassermenge 35 500 PS Leistung erzeugten. Die Maschinendrehzahl war 187 U/Min.

Die Generatoren waren für eine Leistung von je 27 500 kVA und eine Spannung von 10,5 kV ausgelegt. Sie wurden durch unmittelbar gekuppelte Erregermaschinen erregt. Die Generatoren, durch blanke Schienen mit den Transformatoren 10,5/110 kV verbunden, standen unterhalb des Krafthauses auf dem Unterwasserpodium.

Im Krafthaus befanden sich auf einer Seite neben der Turbine zwei einstufige Speicherpumpen mit senkrechter Welle und je 15,5 m^3/s Förderleistung. Auf der entgegengesetzten Krafthausseite sind Vorkehrungen zum Aufstellen von zwei weiteren Pumpensätzen vorgesehen. Die Pumpen wurden direkt von Synchronmotoren angetrieben, die je 7100 PS Aufnahmeleistung hatten. Die Pumpenleiträder waren nicht regelbar, da die Pumpen immer mit voller Last betrieben wurden.

Zwischen Pumpen und Druckrohrleitung war ein Drosselklappenverschluß und am Einlauf zur Pumpe Rechen, mehrteiliges Schütz und Dammbalkennotverschluß.

Für Montagearbeiten standen im Krafthaus zwei Laufkrane für je 75 t bereit. Zum Heben der Größtlast, des vollständigen Läufers, wurden beide Krane durch einen Querträger gekuppelt.

Auf dem Unterwasserpodium lief ein Portalkran, mit dem die Dammtafelverschlüsse der Saugrohre ein- und ausgebaut werden konnten.

Für das Entleeren der Turbinensaugrohre diente eine Entwässerungspumpenanlage. Die Pumpenschächte liegen im Pfeiler zwischen zwei Turbinenausläufen.

Der Untergraben des Kraftwerkes mündet in das Ausgleichbecken Crossen. Er ist 400 m lang, hat eine Sohlenbreite von 55 bis 110 m und ist für 330 m^3/s Ablaufwassermenge bemessen.

Das Ausgleichbecken wurde durch Aufstau des Bobers um 5.50 m und durch seitliche Eindeichungen gewonnen. Die Böschungen der Dämme wurden durch eine Tonschale abgedichtet. Da die undurchlässigen Schichten des Beckens sehr tief liegen und mit wirtschaftlichen Mitteln seine Abdichtung nicht möglich war, wurde ein 20 bis 40 m breiter Tonteppich den Dämmen vorgelagert, der Versickerungen durch die feinsandigen Böden unter dem Damm erschwert.

Die Wehranlage im Bober hat zwei Hauptöffnungen von je 35,50 m und eine Mittelöffnung von 5 m lichter Weite. Die Hauptöffnungen werden durch Dreigurtschützen von 5,75 m Stauhöhe mit aufgesetzter, verdrehungssteifer und 1 m hoher Stauklappe abgeschlossen. Die elektrisch angetriebenen Windwerke der Verschlußkörper sind in den Wehrpfeilern untergebracht. Die zum Regulieren vorgesehene Mittelöffnung ist mit einer Doppelschütze ausgerüstet.

Neben dem Wehr befindet sich das Ausgleich-Laufkraftwerk Crossen, in dem zwei Maschineneinheiten von je 2000 PS Turbinenleistung aufgestellt waren, um den durch das Ausgleichbecken wieder 24stündig ausgeglichenen Abfluß energiewirtschaftlich zu nutzen. Diese Kaplanturbinen verarbeiteten bei 4,80 m Fallhöhe je

36,4 m^3/s und hatten eine Drehzahl von 115 U/Min. Die Generatoren wurden über Getriebe angetrieben, leisteten je 1325 kW und hatten 750 U/Min und 10,5 kV Maschinenspannung.

Vor den Turbineneinläufen befand sich ein Rechen mit 50 mm Stabweite. Für die Reinigung war eine Rechenreinigungsmaschine vorhanden. Die Turbinenein- und -ausläufe konnten durch einen Dammbalkennotverschluß abgeschlossen werden.

Das obere und untere Speicherbecken gestatteten, das Kraftwerk Deichow mit seiner Gesamtleistung von 75 000 kW als Spitzenkraftwerk auch bei Niedrigwasser des Bobers zu betreiben. Allein aus dem gefüllten Speicherbecken, das bei 41,7 m^3/s Zufluß in 24 Stunden gefüllt werden konnte, war ein dreistündiger Spitzenbetrieb möglich. In der Niedrigwasserzeit bei geringerem Zufluß als 41,7 m^3/s — Niedrigstwassermenge im Bober 13 m^3/s — konnte durch die zwei Speicherpumpen das Becken mit Oderwasser gefüllt werden, so daß in der Zeit der größten Tagesbelastung ein dreistündiger Betrieb immer möglich war.

Dem Speicherbecken Crossen fiel die Aufgabe zu, die kurzzeitig und ungleich zufließenden Spitzenwassermengen aus der Anlage Deichow über 24 Stunden auszugleichen. Im Laufwerk Crossen wurden im mittleren Jahr dabei etwa 88 GWh erzeugt.

15. Das Unterstollen-Kraftwerk Harsprång am Luleälv in Nordschweden

Die Gesamtanordnung dieser Anlage (unterirdische Schachtturbinen unmittelbar unter dem Fassungs- und Speicherdamm und Abführung des verarbeiteten Wassers in einem 2,9 km langen druckfreien Unterwasserkanalstollen) ist eine Type (Unterstollenanlage) für sich, die, begünstigt durch die harten klimatischen Verhältnisse und eigenartigen Geländeformen im mittleren und nördlichen Schweden, mit Vorliebe aber auch außerhalb

Schwedens hier und da gebaut wurde (Friedingen a. d. Donau, Rheinau im Hochrhein z. B.).

Das Werk Harsprång[1][2][3], von der Königlich schwedischen Wasserkraftbehörde im Anschluß an deren älteres Werk Porjus in den Jahren 1950—1953 erbaut (Abb. 48), liegt 50 km nördlich des Polarkreises am Luleälv und ist mit 350 000 kW Vollausbauleistung die größte Wasserkraftanlage Schwedens.

Der durch eine Seenkette mit der Talsperre Suorva gut ausgeglichene Luleälv (NQ = 255 m³/s, MHQ = 670 m³/s, HHQ = 1210 m³/s) ist durch einen bis 45 m

Abb. 48—50: WKA. Harsprång in Nordschweden (Kgl. Wasserfallverwaltung)

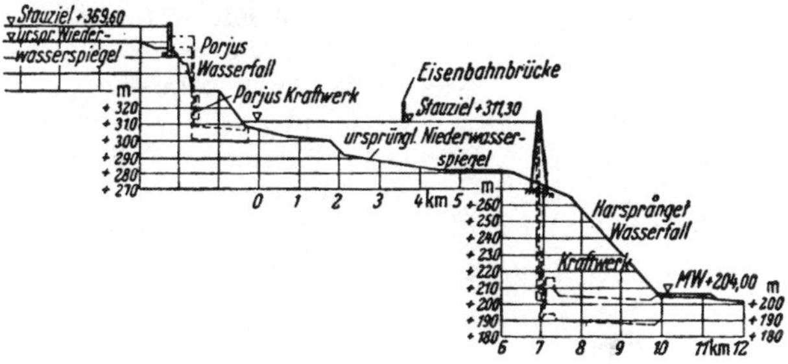

Abb. 48: Übersichtslängenschnitt

hohen und 780 m langen Hauptdamm und einen seitlich auf dem linken Flußufer anschließenden 12 m hohen und 650 m langen Seitendamm aufgestaut. Haupt- und Seitendamm sind Steinschüttdämme mit einer 50 bis 100 cm dicken Stahlbetonplatte als Dichtungskern, der eine 3 bis 4 m dicke Lehmschicht vorgelagert ist. Als Schüttmaterial wurde das Ausbruchmaterial aus Kaverne

---

[1] Ludin, Nordische Wasserkräfte, Springer-Verlag, Berlin 1930.

[2] 350 MW-Hydroelectric generating Station at Harspränget. Engg, 7. und 14. Nov. 1952, S. 586 und 617.

[3] Veröff. d. Schwed. Staatlichen Wasserkraftverwaltg. Nr. 5, 1950. Geziemender Dank!

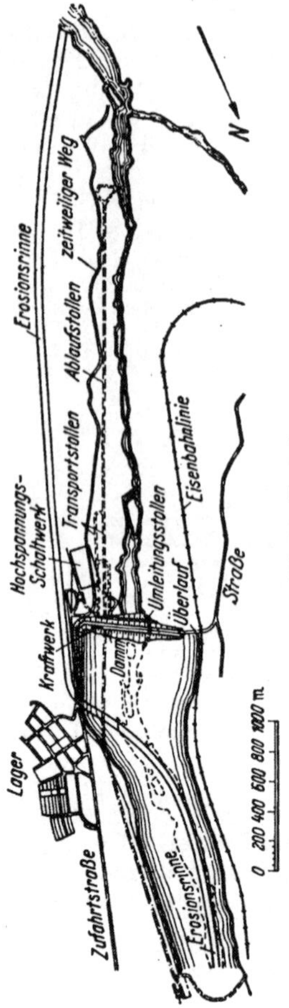

Abb. 49: Lageplan

und Stollen genommen. Der Damminhalt beträgt 1,5 Mio m³.

Der Hochwasserüberlauf auf dem rechten Ufer vermag 2200 m³/s abzuführen. Es sind drei Öffnungen mit Segmentverschlüssen und zwei Reserveöffnungen mit Nadelverschlüssen vorgesehen. Ein Grundablaß ist nicht vorhanden. Ein Umlaufstollen zur Ableitung des Flusses während der Bauzeit wurde nach Baubeendigung verschlossen.

Im linken Dammteil liegt das Einlaufbauwerk zu den senkrechten Turbinenschächten. Für jeden der drei Fallschächte ist eine Einzelkammer vorhanden, die als Hauptverschluß eine Segmentschütze und als Notverschluß eine vor dem Rechen einzusetzende Dammbalkenwand hat.

Das Hohlbaukrafthaus (Abb. 50 a, b) liegt bei rund 60 m Gebirgsüberdeckung senkrecht unter dem Staudamm und birgt im Vollausbau 4 Maschineneinheiten. Bei einer Grundfläche von 18 × 100 m und einer Höhe von 32 m mißt der Hohlraum mehr als 50 000 m³.

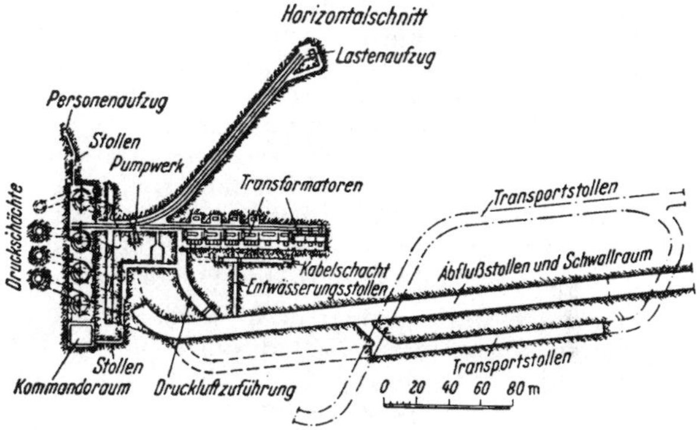

Abb. 50: Kraft-Hohlbau
a) Grundriß

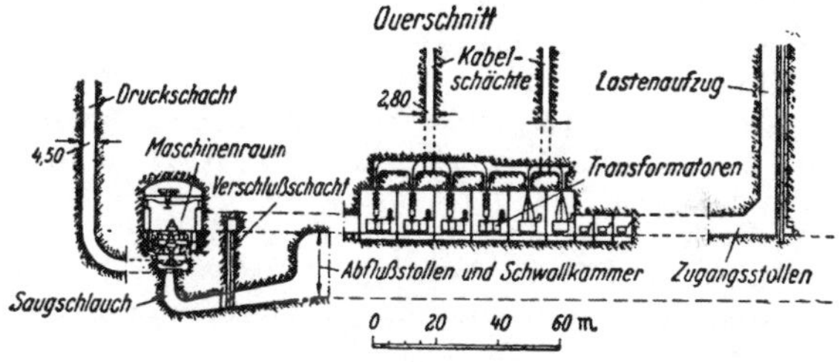

b) Querschnitt

Bei der hohen Standfestigkeit des Felsens (Granit) war eine stützende Betonverkleidung der Wände und Decken entbehrlich. Das zum Schutz vor Steinfall und aus Lüftungsgründen angeordnete Deckengewölbe erhielt 2,5—4 m lange, 25 mm ∅ dicke Bewehrung (25-mm-Rundeisen, Abstand 1 m) und wurde mit einem Torkretputz über Drahtnetz versehen. Jeder der zunächst drei Maschinensätze besteht aus einer senkrechten Francisturbine und direkt gekuppeltem Stromerzeuger. Jede Turbine empfängt ihr Betriebswasser durch einen mit Stahlbeton verkleideten Fallschacht von 5—6 m ⌀, hat 107 m^3/s Schluckfähigkeit und bei 105 m Nutzfallhöhe eine Nutzleistung von 103 000 kW. Die Maschinendrehzahl ist 167 U/Min, die Stromerzeugerspannung 16 kV. Im Betrieb wurde mit erst drei Maschinen eine Gesamthöchstleistung von 350 000 kW erreicht[1]). Zwei kuppelbare Laufkrane mit insgesamt 460 t Tragkraft bestreichen die ganze Halle, an deren flußseitigem Ende die Schaltwarte angeordnet ist.

Das Turbinenwasser gelangt nach Verlassen des Saugschlauches in einen Unterwasserschwallraum von 250 m Länge und wird anschließend durch einen 2,6 km langen unverkleideten Unterwasserstollen mit 190 m^2 Querschnitt in den Fluß geleitet. Nach Erstellung des nächstunteren Kraftwerks wird das Wasser, ohne mit der Außenluft in Berührung zu kommen, unmittelbar unterirdisch weiter verarbeitet.

Senkrecht zur Maschinenhalle liegt die etwa 100 m lange Trafohalle, in der vier Einphasentrafos (davon ein Reservetrafo) mit 16/380 kV Spannungsübersetzungsverhältnis und mit 345 000 kVA Gesamtleistung und zwei Dreiphasentrafos 16/130 kV mit je 60 000 kVA Leistung aufgestellt sind. Die Ableitung des auf 380 bzw. 130 kV hochgespannten Stromes von den Trafos erfolgt durch zwei senkrechte Kabelschächte zu der Freiluftschaltanlage unterhalb des Dammes.

Krafthaus- und Trafohalle sind durch einen mit 160-t-Kran ausgerüsteten Vertikalschacht mit anschließendem Zufahrtsstollen zugänglich. Die unterirdischen Räume werden klimatisiert, wobei die Trafoabwärme für die Beheizung mit benutzt wird.

Die Jahresenergie von 1800 GWh wird über eine 950 km lange 380-kV-Hochspannungsleitung in das Versorgungs-

---

[1]) L'Usine hydroélectrique d'Harsprånget. Le génie civil, Nr. 3358 v. 1. Okt. 1953.

gebiet (Mittel- und Südschweden) geleitet. Diese Leitung ist die erste mit so hoher Spannung betriebene in Europa.

16. Die hochalpine Hochdruckanlage Handeck II

Die Oberhasli AG (Schweiz), die sich den möglichst umfassenden Ausbau der Wasserkräfte im Quellgebiet der Aare zur Aufgabe gemacht hat, erstellte nach Ausbau der vorbildlichen Hochdruckanlagen Handeck I und Innertkirchen in den Jahren 1947—1950 eine weitere Hochdruckstufe, Handeck II[1][2] (Abb. 51). Sie umfaßt

Abb. 51—54: Die alpinen Hochdruckanlagen Handeck I und II und Innertkirchen der Oberhasliwerke AG.

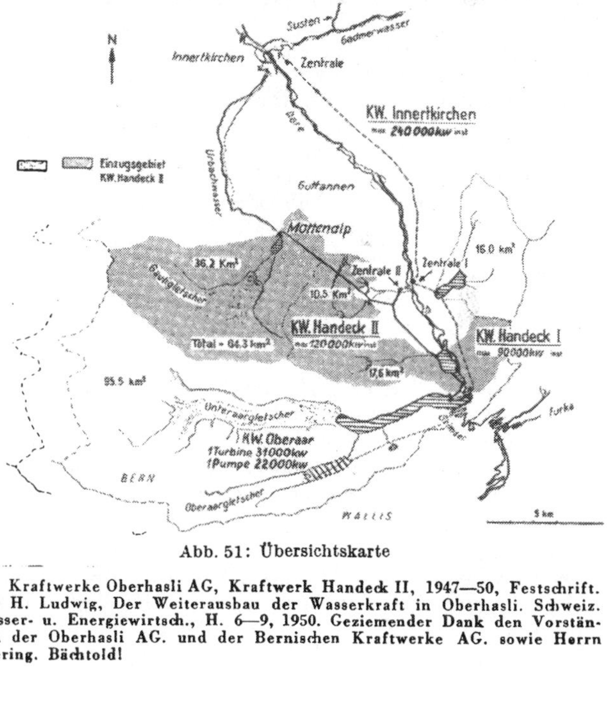

Abb. 51: Übersichtskarte

[1]) Kraftwerke Oberhasli AG, Kraftwerk Handeck II, 1947—50, Festschrift.
[2]) H. Ludwig, Der Weiterausbau der Wasserkraft in Oberhasli. Schweiz. Wasser- u. Energiewirtsch., H. 6—9, 1950. Geziemender Dank den Vorständen der Oberhasli AG. und der Bernischen Kraftwerke AG. sowie Herrn Obering. Bächtold!

die Talsperren Rätherichsboden (27 Mio m³ Inhalt, Stauziel 1767 m+NN) und Mattenalp (2 Mio m³ Inhalt, Stauziel 1875.5 m+NN), die Druckstollenzuleitungen von diesen Staubecken zum Wasserschloß auf der Handeckfluh, den Druckschacht und das Hohlbaukraftwerk Handeck II (Düsenachse der Turbinen = + 1304 20 m + NN) (Abb. 52).

Die Staumauer Rätherichsboden ist eine Betongewichtsmauer mit Hohlräumen mit 92 m Höhe, 72 m Sohlenbreite, 4 m Kronenbreite, 456 m Kronenlänge und 278 600 m³ Mauerinhalt. Die Wandneigung ist wasserseitig 1:0,02 und luftseitig 1:0,74 bis 1:0,85 von oben nach unten abnehmend. Der Bau-Umleitungsstollen ist gleichzeitig Grundablaß. Die Hochwasserentlastung umfaßt einen Saugüberfall mit 105 m³/s und den Grundablaß mit 60 m³/s Leistung. Der Beton wurde mit 180 kg Portlandzement je m³ im Innern und 280 kg P.-Z. je m³ in 1,50 m Schichtdicke auf der Wasser- und Luftseite hergestellt. Die Mauer wurde in 18 m lange Blöcke aufgeteilt, die im Innern bleibende gegenseitige Abstände von 3 m haben. Sie berühren sich nur an der Wasserseite auf 5.50 m und an der Luftseite auf 3.50 m Länge (in Querrichtung zur Mauerachse gemessen). Die Hohlräume haben den Vorteil der Betonersparnis, der Verminderung des Sohlenwasserdruckes und der Ableitung der Abbindewärme.

Der Zulaufstollen zum Wasserschloß durchfährt besten Granit, ist 3.3 km lang und hat auf der verkleideten Strecke 3 m ϕ, auf der unverkleideten 3,30 m ϕ. 370 m unterhalb des Einlaufs und am Stollenende beim Wasserschloß befinden sich je eine Abschlußkammer mit einer Drosselklappe von 2,70 m ϕ.

Die kleine Mauer des Staubeckens Mattenalp ist ebenfalls eine Gewichtsstaumauer. Ihre größte Höhe ist 25 m, die Kronenlänge 100 m, die Kronenbreite 2 m und die Fußbreite 15 m. Die Fugenabstände sind 10—16 m, der Mauerinhalt 11 000 m³. 200 kg/m³ Portlandzement sind

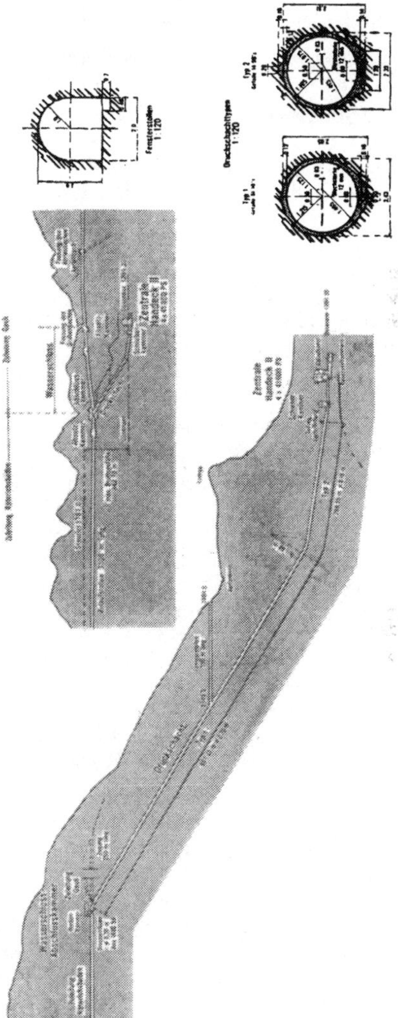

Abb. 52: Längsschnitt des Kraftwerks Handeck II

im Innern, 280 kg/m³ auf 1 m Dicke an den Außenseiten verwendet. Im Bereich einer angetroffenen Erosionsrinne ist eine Betonkernmauer als Dichtung abgesenkt worden.

Der Zulaufstollen von der Mattenalpsperre zum Wasserschloß hat 5,73 km Länge und hufeisenförmigen Querschnitt von 7 m². Nur die Stollensohle ist betoniert. Das Stollenstück zwischen Grubenbacheinleitung und Druckschacht hat 2 m Ø, Neigung $7^{1}/_{2}$ % und ist unverkleidet. Am Ende befindet sich ein Beruhigungsbecken von 500 m³ Inhalt, in das auch die Zuleitung vom Rätherichsboden einmündet. Hier können sich auch etwa abgefallene Steine ablagern. Am unteren Ende der Kammer ist ein Feinrechen angeordnet. Dieses Stollenstück ist gleichzeitig als Teil des Wasserschlosses wirksam. Der Abschluß des Stollens, ein Segmentschütz, befindet sich an der Grubenbachfassung oberhalb des Entlastungsüberfalles (Abb. 52).

Der Druckschacht hat eine Gesamtlänge von 866 m und überwindet dabei 376,70 m Höhe. Der obere 657 m lange Teil hat 2,25 m lichte Weite und 61 % Gefälle und der untere 209 m lange Teil 2,15 m lichte Weite und 15 % Gefälle. Der Druckschacht ist gepanzert. In der Steilstrecke waren die Einzelrohrstücke 7 m und in der Flachstrecke 10,8 m lang. Die Rohre wurden elektrisch zusammengeschweißt. Zwischen Stahlrohr und Felswand wurde Beton eingebracht, der durch Injektionen satt mit dem Felsen verbunden wurde. Die Innenwand der Stahlrohre erhielt nach Sandstrahlreinigung eine Spritzverzinkung und darüber einen Bitumenanstrich.

Die Verteilrohrleitung (Abb. 53, 54) verjüngt sich von 2,15 m auf 1,10 m. Die Wanddicke der Abzweigrohre steigt von 16 mm beim Anschluß an das Hauptrohr auf 26 mm beim Austritt der Leitung aus dem Beton und Anschluß an den Flansch der Abschlußschieber. Das Krafthaus Handeck II liegt wie das der Anlage Innertkirchen ganz im Fels. Die Mindestfelsüberdeckung ist 20 m. Der Grundriß mißt 18×68 m. Es

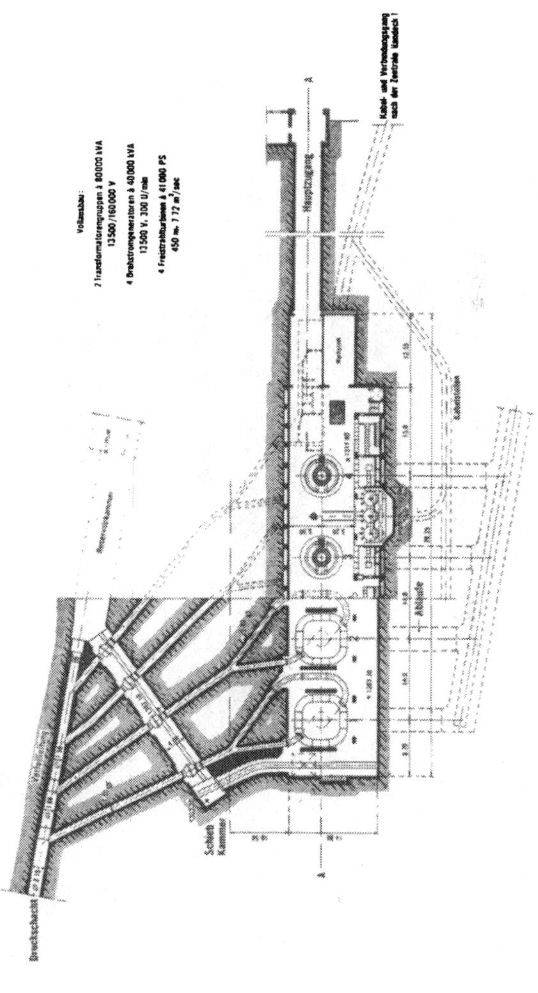

Abb. 53: Kraft-Hohlbau, Grundriß

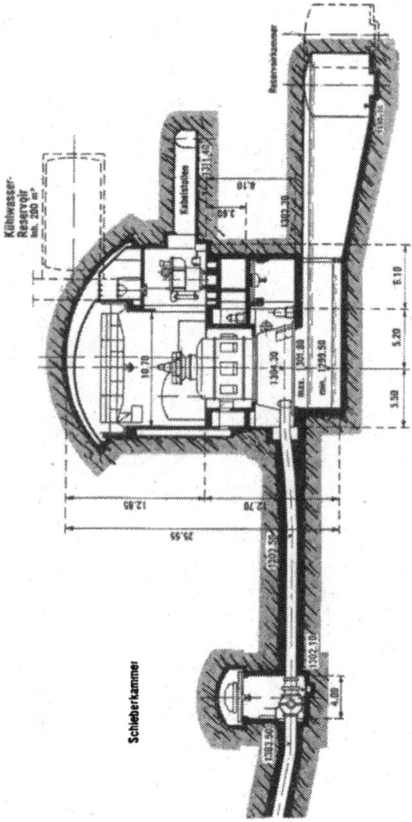

Abb. 54: Kraft-Hohlbau, Querschnitt

werden 4 Maschinensätze (im 1. Ausbau 2) mit 14,0 m Achsabstand aufgestellt. Jeder Satz besteht aus einer zweidüsigen, doppelregulierten, senkrechten Freistrahlturbine mit 7,72 m^3/s Schluckfähigkeit und direkt gekuppeltem Drehstromerzeuger mit 13.5 kV Maschinenspannung und 300 U/min. Jede Turbine hat bei mittlerer Nutzfallhöhe von 450 m eine Nennleistung von 30 000 kW.

Die Turbinenverschlüsse — 2 Kugelschieber in einem Verschlußorgan — sind in einer besonderen Schieberkammer aufgestellt. Je 2 Stromerzeuger arbeiten auf eine 80 000 kVA-Transformatorengruppe, die aus drei Einphasentransformatoren besteht. Der Strom wird von 13,5 kV auf 150 kV hochgespannt.

Die Transformatorengruppen sind noch innerhalb des Krafthohlbaues in einer besonderen Betonzelle aufgestellt, die nach dem Krafthaus zu durch eiserne Rollläden zur Sicherung gegen Brandgefahr abgeschlossen werden. Eine 13,5-kV-Schaltanlage ist für jede Blockgruppe neben der Trafogruppe im Krafthaus angeordnet. Die notwendigen Hilfsbetriebe wie Werkstatt, Batterieraum, CO_2-Brandschutzanlage, Büro, Nebenräume sind ebenfalls vorhanden. Ein Belüftungsstollen dient gleichzeitig als Notausgang. Die Vollausbauleistung ist 121 000 kW, der Jahresenergieanfall: im Sommer 150 GWh und im Winter 95 GWh, insgesamt 245 GWh/Jahr. Die Energie wird mit Ölkabeln durch einen Kabelstollen nach der gegenüberliegenden Anlage Handeck I und von dort in die bestehenden Freileitungen gegeben.

17. Die Schluchseewerke[1])

Die Hochflächen des südlichsten Schwarzwaldes, 1500 bis 900 m über NN. gelegen (Abb. 55), gehören zu den niederschlagsreichsten Gegenden Deutschlands. In zahlreichen tief in das Urgestein eingeschnittenen Wald-

[1]) Geziemender Dank dem Vorstand der Schluchseewerk AG. (Dr.-Ing. e. h. Henninger und Senator e. h. Dorer)!

Abb. 55—60: Die Anlagen der Schluchseewerk AG.

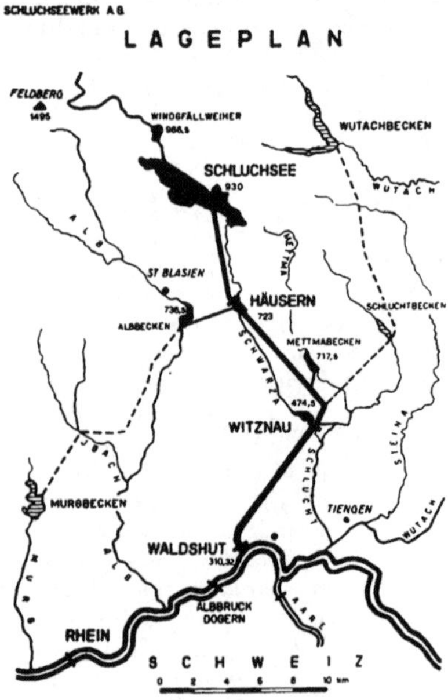

Abb. 55: Schluchseewerke, Übersichtskarte

tälern und Schluchten — von der Wutach bis zur Hauensteiner Murg — vollzieht sich der sehr ungleichmäßige Abfluß der Regen- und Schmelzwasser nach dem im Süden entlangziehenden Hochrhein. Eingeschliffen in die Schwarzwald-Hochfläche liegen einige flache eiszeitliche Wannen, deren bedeutendste, der 5 km lange Schluchsee, rund 600 m über dem Rheinspiegel liegt.

Ausbau des durch eine Stauung von nur 29 m auf 108 hm^3 Nutzinhalt zu bringenden Schluchsees zu einem die Gesamtfallhöhe von 620 m beherrschenden Langspeicher unter Erweiterung seines unzureichenden natürlichen Einzugsgebietes durch Beileitungen aus den Nachbareinzugsgebieten zwischen Wutach und Alb — teils in freiem Gefälle, teils durch Aufpumpen aus einer 200 m tieferen Lage und — letzten Endes aus dem Rhein, dies sind die wasserwirtschaftlichen Grundlinien des dreistufigen Ausbauplans (Abb. 56) der Schluchseewerk AG. in Freiburg im Breisgau, der in seiner zentralen Kraftwerkstreppe in drei Etappen zwischen 1928 und 1951 ausgeführt wurde, während die großen Beileitungen Ost und West zur Mittelstufe noch der Vollendung harren.

Die drei hochausgebauten Hochdruckwerke Häusern, Witznau, Waldshut bilden betrieblich eine Einheit von 470 000 kW Ausbauleistung mit einem durchschnittlichen elektrischen Jahresarbeitsvermögen von 750 GWh. Diese große Energiedarbietung kann durch den Langspeicher Schluchsee und die zahlreichen Zwischenausgleichbecken vollkommen in Form hochwertiger Tages- und Spitzenkraft geliefert und dabei weitgehend

Abb. 56 Schluchseewerke, Übersichtslängenschnitt

auf die Monate des Höchstbedarfes verlegt werden. Die sommerliche Überschußenergie der großen Laufkraftwerke des Hochrheins kann dabei zur langfristigen Pumpspeicherung im Schluchsee verwendet werden, wie auch der nächtliche Abfallstrom der niederrheinischen Braunkohlenkraftwerke des Rheinisch-Westfälischen Elektrizitätswerks (vgl. Tabelle 5), mit dem die Schluchseewerke über eine 220 kV-Fernleitung parallel arbeiten.

Einzelbeschreibung der drei Kraftstufen

Die Oberstufe Häusern umfaßt den 6,2 km langen und 4,1 m weiten Druckstollen vom Einlaufbauwerk im Schluchsee zum Wasserschloß Häusern mit oberer und unterer Ausgleichskammer, die beiden Stahldruckrohrleitungen mit oben 3 m und unten 2,5 m ϕ und schließlich das Krafthaus Häusern und die Freiluft-Schaltanlage (Abb. 15b).

Das Krafthaus steht im Stauwasser des durch eine Gewichtsmauer geschaffenen Schwarzabeckens Häusern mit 1,3 hm^3 Nutzinhalt. Die große, durch die Talenge bedingte Spiegelschwankung dieses Ausgleichbeckens war maßgebend für die senkrechte Bauweise der vier Maschinensätze (vgl. hierzu auch Abb. 16). Jeder besteht — von unten nach oben — aus Speicherpumpe, hydraulischer Kupplung, Francisturbine und dem im Pumpenbetrieb als Motor arbeitenden Stromerzeuger.

Aus dem Schwarzabecken strömt das Triebwasser in den Druckstollen der Mittelstufe Witznau. Dieser etwa 4,5 m weite Druckstollen nimmt unterwegs das im Mettmabecken regulierte Wasser des gleichnamigen Baches auf, erweitert sich dabei auf 5,0 m ϕ und geht hinter dem Wasserschloß Berau in einen 4,5 m weiten stahlgepanzerten steilen Druckschacht im Hang des unteren Schwarzatals über, um nach Aufspaltung in zwei stählerne, 3,2 m weite Druckrohrleitungen mit Drosselklappenverschlüssen und anschließenden Verteilrohrleitungen in das Krafthaus Witznau einzutreten. Dieses legt sich, konstruktiv eng mit einer Gewichtsstaumauer verbunden, quer über das Schwarzatal und bildet das Witznaubecken mit 1,3 hm^3 Nutzinhalt. Das in den Turbinen des Werks Witznau verarbeitete Wasser tritt unter Gegendruck flußaufwärts gerichtet in dieses Becken ein, so daß die bedeutenden Spiegelschwankungen im Betrieb dieses Ausgleichbeckens keine Fallhöhenverluste bringen

Tab. 5. Leistung und Jahresenergieerzeugung der Schluchseewerke

Leistung	Oberstufe Häusern	Mittelstufe Witznau	Unterstufe Waldshut	Gesamtanlage
Rohfallhöhe m	210	250	160	620
Werk-Ausbauwassermenge m^3/s	80	120	140	
Maschinensätze	4	4	4	
Turbinenleistung PS	197 200	300 000	240 000	737 200
Generatorleistung kVA	128 000	220 000	176 000	524 000
Drehzahl U/min	333 1/3	333 1/3	250	
Werk-Pumpwassermenge m^3/s	36,8	36,8	36,8	
Werk-Pumpenleistung kW	80 000	128 000	72 000	280 000
Mittlere Jahresenergie in GWh				
a) ohne Ost- und Westbeileitungen				
aus natürlichem Zufluß	41	140	106	287
aus natürlichem Zufluß und Pumpspeicherung	140	250	160	550
b) mit Ost- und Westbeileitungen				
aus natürlichem Zufluß und Pumpspeicherung	140	380	230	750

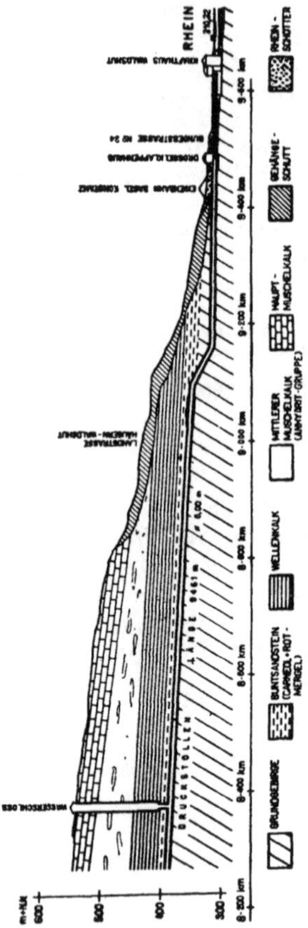

Abb. 57: Schluchseewerke, Rheintalstollen zwischen Wasserschloß und Krafthaus Waldshut

können. Außer dem der Oberstufe Häusern entstammenden Triebwasser muß die Mittelstufe Witznau auch die bedeutenden, durch Zwischenspeicher vorregulierten Zuflüsse aus den Beileitungen Ost (Wutach-Schlücht) und West (Murg-Alb) aufnehmen und rheinwärts zur Stromlieferung verarbeiten, soweit sie nicht zur Speicherung im Schluchsee von den Pumpen der Oberstufe Häusern hochgefördert werden können. Die vier im Krafthaus Witznau aufgestellten Maschinensätze sind daher bei ähnlicher Bauweise wie in Häusern für größere Wasserführungen ausgelegt und leisten je 55 000 kW. Das kleine Mettmabecken wirkt als vorgeschobener Spitzenweiher für das Witznauwerk, was eine engere Bemessung des Druckstollens Häusern-Witznau erlaubte.

Die Wutachbeileitung harrte 1954 noch der Ausführung, während von der Murg-Alb-Beileitung das kurze aber wichtigste Stück Alb-Schwarzabecken schon seit 1. September 1941 im Betrieb steht.

Vom Witznaubecken zieht der Rheintalstollen mit 6 m Lichtweite und 9,46 km Länge zum Hang des Rheintals oberhalb des Städtchens Waldshut. Das flache Absinken des vom Druckstollen aus Sicherheitsgründen verfolgten kristallinen Grundgebirges unter einer Überlagerung von Buntsandstein und Muschelkalk mit wasserempfindlichen Anhydrit- und Gipsschichten erzwang eine ungewöhnlich tief unter dem Stauhorizont von Witznau liegende Achsführung des Druckstollens und eine große Entfernung (1200 m) des 160 m hohen Schachtwasserschlosses vom Krafthaus (Abb. 57). Der anfänglich in normaler Weise (Abb. 58) ausbetonierte Druckstollen ist wegen dieser Höhenverhältnisse schon weit vor dem Wasserschloß auf 450 m Länge nach dem Kernring-Vorspannverfahren (Patent Dr. Kieser, Bregenz) verstärkt und anschließend mit Stahlblech ausgekleidet, das im Bereich für die Druckaufnahme ausreichender Überlagerungshöhe 14 mm dick, mit abnehmender Überlagerung aber entsprechend stärker gewählt wurde, bis am Übergang in die zwei nur eingegrabenen eigentlichen Druckrohre von 4 m lichter Weite die Wanddicke 36 mm erreichte. Hinter dem Übergang (Hosenrohr) vom Druckschacht auf die zwei Druckrohre ist je eine 4,5 m große Drosselklappe für 216 m W. S. Betriebsdruck angeordnet. Die Rohrleitungen führen, mit Stützringen auf Pendelstützen gelagert, in den Rohrkeller des dicht am Rheinufer liegenden Krafthauses. Die von ihnen hier abgehenden Zweigrohre der Turbinen und Pumpen sind zum Ausgleich von Formänderungen durch mechanische Beanspruchung und Temperaturänderungen mit federnden Gelenkflanschen ausgerüstet.

Das ungewöhnlich hohe Wasserschloß erhielt, namentlich in der erwähnten Anhydrit-Gips-Zone, eine besonders wirksame Abdichtung durch Einbau eines Kernringmantels mit Hinterpressung mit Tonerdezement

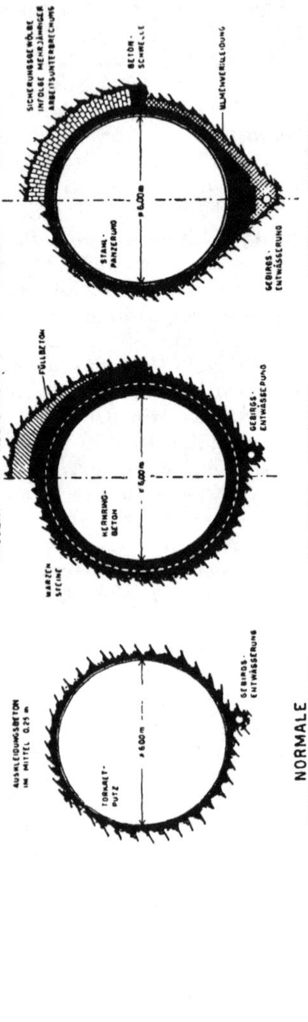

Abb. 58: Schluchseewerke, Querschnitte des Rheintalstollens Witznau-Waldshut

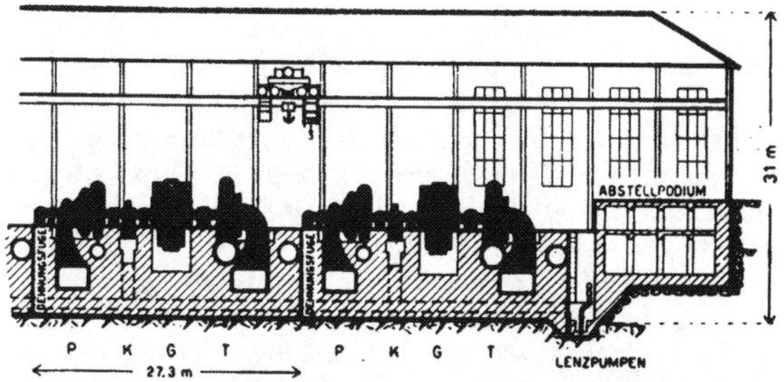

Abb. 59: Schluchseewerke, Krafthaus Waldshut, Längsschnitt (halbe Länge)

hinter einer Felsabgleichung aus Klinkermauerwerk in Spezialmörtel und Hinterpressung mit Tonerdezement.

Das Kraftwerk Waldshut (Abb. 59 und 60) ist mit vier Maschineneinheiten — Generator-Motor, Francisturbine, Kupplung und Pumpe — mit waagerechter Welle ausgerüstet. Diese Anordnung war möglich, weil, im Gegensatz zum Schwarza- und Witznauwerk, hier die ausgedehnte Stauhaltung der Rheinstufe Albbruck-Dogern als Tiefspeicher dient, so daß die Spiegelschwankung 0,50 m nicht überschreitet.

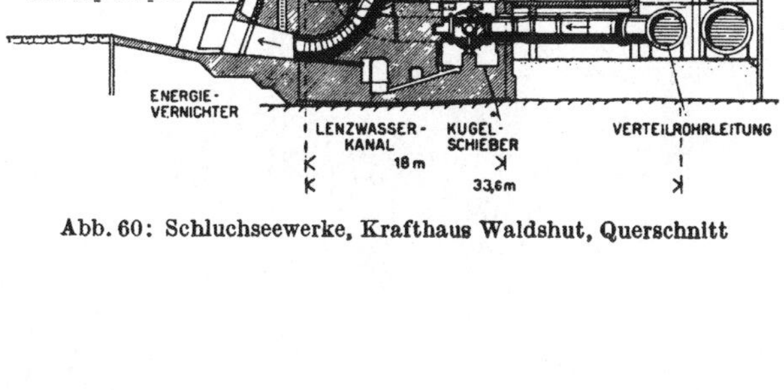

Abb. 60: Schluchseewerke, Krafthaus Waldshut, Querschnitt

Die Leistung eines Stromerzeugers beträgt 44 000 kVA.

Die Francisturbinen haben zulaufseitig einen Kugelschieberverschluß und am Saugrohrende einen Schützverschluß, der im Bedarfsfall die Turbinen rasch zu entleeren gestattet. Die Speicherpumpen sind zweistufig und besitzen als Abschlußorgan einen Ringschieber, der gleichzeitig Schnellschlußorgan für Gefahrenfälle ist. Die Maschinen werden automatisch betrieben und von der Warte aus zentral gesteuert.

Die Freiluftschaltanlage ist mit den Transformatoren 10,5/110 kV landseitig des Krafthauses aufgebaut. Die Energie der drei parallel arbeitenden Schluchseewerke wird über Freileitungen je zur Hälfte an das Rheinisch-Westfälische Elektrizitätswerk (RWE), Essen, und an das Badenwerk, Karlsruhe, abgegeben.

Tabelle 5 gibt eine Übersicht der Hauptauslegungsdaten der Schluchseewerke und ihrer Leistungs- und Energiedarbietungen.

Berichtigung zu Seite 105 Zeile 5—1 von unten:

Das Felsgewölbe der Maschinenhalle ist nur mit einer Torkretdecke verkleidet, deren Drahtgewebeeinlage an 2,5 bis 4 m langen „Bergnägeln" (in Bohrlöchern einzementierten 25-mm-Rundstählen — je einer auf den qm — aufgeschweißt ist. Der zur Lüftung benutzte Zwischenraum zwischen Fels und Torkretschale ist planmäßig dräniert.

Schrifttum

(Das benutzte Schrifttum ist in Fußnoten des Textes angegeben.)

Bauer-Kuntzschen: Schweizerische Energieversorgung. Sdr. aus Der Schweiz. Energiekonsument. Solothurn 1947.

Creager, W. P. und Justin, J. D.: Hydroelectric Handbook. New York. John Wiley & Sons Inc. 2. Aufl. (1950). 1151 S.

Musil, L.: Praktische Energiewirtschaftslehre, Springerverlag. Wien 1949. 277 S.

Natermann: Das Dauergebirge, Zbl. d. Bauverwaltung. 1930. S. 420

Preß, H.: Stauanlagen und Wasserkraftwerke, 3 Bde., 756 S. Verlag W. Ernst & Sohn. Berlin 1953/54.

Schröder, G.: Die wasserwirtschaftliche Generalplanung. Windelsbleiche (Bielefeld) 1948. 186 S.

Streck, A.: Wasserwirtschaft und Gewässerkunde, Springerverlag. Berlin 1953. 466 S.

Wechmann, A.: Auswertung Gewässerkundlicher Meßergebnisse, Verlag Technik. Berlin (Ost) 1952. 98 S.

Wundt: Gewässerkunde, Springerverlag. Berlin 1953. 320 S.

Sachverzeichnis

GESAMTVERZEICHNIS

SAMMLUNG GÖSCHEN

DAS WISSEN DER WELT IN KURZEN, KLAREN, ALLGEMEINVERSTÄNDLICHEN EINZELDARSTELLUNGEN NACH DEN LEHRPLÄNEN DER DEUTSCHEN UNIVERSITÄTEN UND HOCHSCHULEN AUFGEBAUT

JEDER BAND DM 2,40

DOPPELBAND DM 4,80

STAND NOVEMBER 1954

WALTER DE GRUYTER & CO.
BERLIN W 35

INHALTSVERZEICHNIS

Geisteswissenschaften

Philosophie · Pädagogik · Psychologie · Soziologie

Einführung in die Philosophie von *H. Leisegang*. 2. Auflage. 145 Seiten. 1953 . . . . Bd. 281

Erkenntnistheorie von *G. Kropp*. 1. Teil: Allgemeine Grundlegung. 143 Seiten. 1950 . . . . Bd. 807

Hauptprobleme der Philosophie von *G. Simmel*†. 7., unveränd. Auflage. 177 Seiten. 1950 . . . . Bd. 500

Geschichte der Philosophie

I: Die griechische Philosophie von *W. Capelle*. 1. Teil. Von Thales bis Leukippos. 2., erweiterte Auflage. 135 Seiten. 1953 . . . . Bd. 857

II: Die griechische Philosophie von *W. Capelle*. 2. Teil. Von der Sophistik bis zum Tode Platons. 2., stark erweiterte Auflage. 144 Seiten. 1953 . . . . Bd. 858

III: Die griechische Philosophie von *W. Capelle*. 3. Teil. Vom Tode Platons bis zur Alten Stoa. 2., stark erweiterte Auflage. 132 Seiten. 1954 . . . . Bd. 859

IV: Die griechische Philosophie von *W. Capelle*. 4. Teil. Von der Alten Stoa bis zum Eklektizismus im 1. Jahrhundert v. Chr. 2., stark erweiterte Auflage. 132 Seiten. 1954 . . . . Bd. 863

V: Die Philosophie des Mittelalters von *J. Koch*. In Vorbereitung . . . . Bd. 826

VI: Von der Renaissance bis Kant von *K. Schilling*. 234 Seiten. 1954 . . . . Bd. 394/394a

VII: Immanuel Kant von *G. Lehmann*. In Vorbereitung . Bd. 536

VIII: Die Philosophie des 19. Jahrhunderts von *G. Lehmann*. 1. Teil. 151 Seiten. 1953 . . . . Bd. 571

IX: Die Philosophie des 19. Jahrhunderts von *G. Lehmann*. 2. Teil. 168 Seiten. 1953 . . . . Bd. 709

X: Die Philosophie im ersten Drittel des 20. Jahrhunderts von *G. Lehmann*. In Vorbereitung . . . . . . Bd. 845

Die geistige Situation der Zeit (1931) von *K. Jaspers*. 3., unveränderter Abdruck der 1932 bearbeiteten 5. Auflage. 211 Seiten. 1953 . . . . Bd. 1000

Philosophisches Wörterbuch von *M. Apel* †. 4., unveränderte Auflage. 260 Seiten. 1953 . . . . Bd. 1031

Geschichte der Pädagogik von *H. Weimer*. 11., neubearbeitete und vermehrte Auflage. 176 Seiten. 1954. . . . . . . Bd. 145

Therapeutische Psychologie. Freud — Adler — Jung von *W. M. Kranefeldt*. Mit einer Einführung von *C. G. Jung*. 2. Auflage. 152 Seiten. 1950 . . . . Bd. 1034

Soziologie. Geschichte und Hauptprobleme von *L. von Wiese*. 5. Auflage. 162 Seiten. 1954 . . . . Bd. 101

Religionswissenschaften

Jesus von *M. Dibelius* †. 2. Auflage. Unveränderter Nachdruck. 137 Seiten. 1949 . . . . Bd. 1130

Paulus von *M. Dibelius* †. Nach dem Tode des Verfassers herausgegeben und zu Ende geführt von *W. G. Kümmel*. 155 Seiten. 1951 . . . . Bd. 1106

Musik

Musikästhetik von *H. J. Moser*. 180 Seiten. 1953 . . . . . . Bd. 344
Systematische Modulation von *R. Hernried*. 2. Auflage. 136 Seiten. 1950 . . . . Bd. 1094
Der polyphone Satz von *E. Pepping*. 1. Teil: Der cantus-firmus-Satz. 2. Auflage. 223 Seiten. 1950 . . . . Bd. 1148
Harmonielehre von *H. J. Moser*.
I: 112 Seiten. 1954 . . . . Bd. 809
II: In Vorbereitung . . . . Bd. 810
Technik der deutschen Gesangskunst von *H. J. Moser*. Dritte, durchges. u. verbesserte Auflage. 144 Seiten mit 5 Fig. 1954 . . . . Bd. 576/576a
Die Kunst des Dirigierens von *H. W. von Waltershausen*. 2. Auflage. 138 Seiten. 1954 . . . . Bd. 1147
Die Technik des Klavierspiels aus dem Geiste des musikalischen Kunstwerkes von *K. Schubert* †. 3. Auflage. 110 Seiten. 1954 . . . . Bd. 1045
Die Musik des 19. Jahrhunderts von *W. Oehlmann*. 180 Seiten. 1953 . . . . Bd. 170
Allgemeine Musiklehre von *H. J. Moser*.
2., durchges. Auflage. 155 Seiten. 1955. . . . . . Bd. 220/220a

Kunst

Stilkunde von *H. Weigert*.
I: Vorzeit, Antike, Mittelalter. 2. Auflage. 136 Seiten. Mit 94 Abbildungen. 1954 . . . . Bd. 80
II: Spätmittelalter und Neuzeit. 2. Auflage. 146 Seiten. Mit 84 Abbildungen. 1954 . . . . Bd. 781

Geschichte

Einführung in die Geschichtswissenschaft von *P. Kirn*. 2. Auflage. 121 Seiten. 1952 . . . . Bd. 270
Archäologie von *A. Rumpf*.
I: Einleitung, historischer Überblick. 143 Seiten mit 6 Abbildungen im Text und 12 Tafeln. 1953 . . . . . Bd. 538
II: In Vorbereitung . . . . Bd. 539
Kultur der Urzeit von *F. Behn*. 4. Auflage der „Kultur der Urzeit". Band I—III von *M. Hoernes*.
I: Die vormetallischen Kulturen. (Die Steinzeiten Europas. Gleichartige Kulturen in anderen Erdteilen). 172 Seiten mit 48 Abbildungen. 1950 . . . . Bd. 564
II: Die älteren Metallkulturen. (Der Beginn der Metallbenutzung. Kupfer- und Bronzezeit in Europa, im Orient und in Amerika). 160 Seiten mit 67 Abbildungen. 1950 Bd. 565
III: Die jüngeren Metallkulturen. (Das Eisen als Kulturmetall. Hallstatt-Latène-Kultur in Europa. Das erste Auftreten des Eisens in den anderen Erdteilen). 149 Seiten mit 60 Abbildungen. 1950. . . . . Bd. 566
Vorgeschichte Europas von *F. Behn*. Völlig neue Bearbeitung der 7. Auflage der „Urgeschichte der Menschheit" von *M. Hoernes*. 125 Seiten mit 47 Abbildungen. 1949 . . . Bd. 42

Von den Karolingern zu den Staufern von *J. Haller.* Die altdeutsche Kaiserzeit (900–1250). 3. Auflage. 141 Seiten mit 4 Karten. **1944** . . . . Bd. 1065

Deutsche Geschichte im Zeitalter der Reformation, der Gegenreformation und des 30jährigen Krieges von *F. Hartung.* 129 Seiten. 1951 . . . . Bd. 1105

Quellenkunde der deutschen Geschichte im Mittelalter von *K. Jacob†* (bis zur Mitte des 15. Jahrhunderts).

I: Einleitung, Allgemeiner Teil. Die Zeit der Karolinger. 5. Auflage. 118 Seiten. 1949 . . . . Bd. 279

II: Die Kaiserzeit (911 – 1250). 4. Auflage. 127 Seiten. 1949 . . . . Bd. 280

III: Das Spätmittelalter (vom Interregnum bis 1500). Unter Verwendung der Hinterlassenschaft herausgegeben von *F. Weden.* 152 Seiten. 1952 . . . . Bd. 284

Badische Geschichte von A. Krieger. 137 Seiten. 1921 . . . . Bd. 230

Geschichte Englands von *H. Preller.*

I: bis 1815. 3., stark umgearbeitete Auflage. 135 Seiten mit 7 Stammtafeln und 2 Karten im Text. 1952 . . . . . Bd. 375

II: von 1815 bis 1910. 2., völlig umgearb. Auflage. 118 S. mit 1 Stammtafel und 7 Karten im Text. 1954 . . . Bd. 1088

Thüringische Geschichte von *E. Devrient.* 2. Auflage. 136 Seiten. 1921. . . . . Bd. 352

Deutsche Sprache und Literatur

Deutsches Rechtschreibungswörterbuch von *M. Gottschald.* 2., verbesserte Auflage. 269 Seiten. 1953 . . . . Bd. 200/200a

Deutsche Wortkunde von *A. Schirmer.* Eine kulturgeschichtliche Betrachtung des deutschen Wortschatzes. 3., durchgesehene Auflage. 109 Seiten. 1949 . . . . Bd. 929

Deutsche Sprachlehre von *W. Hofstaetter.* 9., neubearbeitete Auflage von *G. Spree.* 144 Seiten. 1953 . . . . Bd. 20

Redetechnik von *H. Biehle.* Einführung in die Rhetorik. 115 Seiten. 1954 . . . . Bd. 61

Sprechen und Sprachpflege von *H. Feist.* (Die Kunst des Sprechens). 2., verbesserte Auflage. 99 Seiten mit 25 Abbildungen. 1952 . . . . Bd. 1122

Deutsches Dichten und Denken von der germanischen bis zur staufischen Zeit von *H. Naumann.* (Deutsche Literaturgeschichte vom 5.–13. Jahrhundert). 2., verbesserte Auflage. 166 Seiten. 1952 . . . . Bd. 1121

Deutsches Dichten und Denken vom Mittelalter zur Neuzeit von *G. Müller* (1270–1700). 2., durchgesehene Auflage. 159 Seiten. 1949 . . . . Bd. 1086

Deutsches Dichten und Denken von der Aufklärung bis zum Realismus von *K. Viëtor* (Deutsche Literaturgeschichte von 1700–1890). 2., durchgesehene Auflage. 156 Seiten. 1949 . . . . Bd. 1096

Der Nibelunge Nôt in Auswahl mit kurzem Wörterbuch von *K. Langosch.* 9., umgearbeitete Auflage. 164 Seiten. 1953 . . . . Bd. 1

Die deutschen Personennamen von *M. Gottschald.* 2., verbesserte Auflage. 151 Seiten. 1955 . . . . Bd. 422

Indogermanisch · Germanisch

Gotisches Elementarbuch von *H. Hempel.* Grammatik, Texte mit Übersetzung und Erläuterungen. 2., umgearbeitete Auflage. 165 Seiten. 1953 . . . . Bd. 79
Indogermanische Sprachwissenschaft von *H. Krahe.* 2. Auflage. 134 Seiten. 1948 . . . . Bd. 59
Germanische Sprachwissenschaft von *H. Krahe.* 2. Auflage.
II: Formenlehre. 140 Seiten. 1948 . . . . Bd. 780
Althochdeutsches Elementarbuch von *H. Naumann* † und *W. Betz.* 2. Auflage. 156 Seiten. 1954 . . . . Bd. 1111
Altnordisches Elementarbuch von *F. Ranke.* Schrifttum, Sprache, Texte mit Übersetzung und Wörterbuch. 2., durchgesehene Auflage. 146 Seiten. 1949 . . . . . Bd. 1115

Englisch · Französisch · Italienisch

Altenglisches Elementarbuch von *M. Lehnert.* Einführung, Grammatik, Texte mit Übersetzung und Wörterbuch. 2., verbesserte und vermehrte Aufl. 176 Seiten. 1950 . Bd. 1125
Beowulf von *M. Lehnert.* Eine Auswahl mit Einführung, teilweiser Übersetzung, Anmerkungen und etymologischem Wörterbuch. 2., verbesserte Auflage. 135 Seiten. 1949 Bd. 1135
Englische Literaturgeschichte.
I: Die alt- und mittelenglische Periode von *F. Schubel.* 163 Seiten. 1954 . . . . Bd. 1114
II: Von der Renaissance bis zur Aufklärung von *Paul Meissner*†. 139 Seiten. 1937 . . . . Bd. 1116
III: Romantik und Viktorianismus von *Paul Meissner*†. 150 Seiten. 1938 . . . . Bd. 1124
IV: Das 20. Jahrhundert von *Paul Meissner*†. 150 Seiten. 1939 . . . . Bd. 1136
Italienische Literaturgeschichte von *K. Vossler.* Unveränderter Nachdruck der 1927 erschienenen 4., durchgesehenen und verbesserten Auflage. 148 Seiten. 1948 . . . . Bd. 125
Shakespeare von *P. Meissner*†. 2. Auflage, neubearbeitet von M. Lehnert. 136 Seiten. 1954 . . . . Bd. 1142

Griechisch · Lateinisch

Griechische Sprachwissenschaft von *W. Brandenstein.*
I: Einleitung, Lautsystem, Etymologie. 160 Seiten. 1954 Bd. 117
Geschichte der griechischen Sprache
I: Bis zum Ausgang der klassischen Zeit. Von *O. Hoffmann*†. 3., umgearbeitete Auflage von *A. Debrunner.* 156 Seiten. 1954 . . . . Bd. 111
II: Grundfragen und Grundzüge d. nachklass. Griechisch. Von *A. Debrunner.* 144 Seiten. 1954 . . . . Bd. 114
Geschichte der griechischen Literatur von *W. Nestle.* 2., verbesserte Auflage.
I: Von den Anfängen bis auf Alexander d. Gr. 148 Seiten. 1950 . . . . Bd. 70
II: Von Alexander d. Gr. bis zum Ausgang der Antike. 128 Seiten. 1948 . . . . Bd. 557

Geschichte der lateinischen Sprache von *F. Stolz* †. 3., stark umgearbeitete Auflage von *A. Debrunner*. 136 Seiten. 1953 . . . . Bd. 492

Hebräisch · Sanskrit · Russisch

Hebräische Grammatik von *G. Beer* †. 2., völlig neubearbeitete Auflage von *R. Meyer*.
I: Schrift-, Laut- und Formenlehre I. 157 Seiten. 1952. Bd. 763/763a
II: Schrift-, Laut- und Formenlehre II. 1954. In Vorbereitung . . . . Bd. 764/764a

Sanskrit-Grammatik von *M. Mayrhofer*. 89 Seiten. 1953 . . . Bd. 1158

Russische Grammatik von *G. Berneker*. 6., unveränderte Auflage von *M. Vasmer*. 155 Seiten. 1947 . . . . Bd. 66

Erd- und Länderkunde

Afrika von *F. Jaeger*. Ein geographischer Überblick. 2., umgearbeitete Auflage.
I: Der Lebensraum. 179 Seiten mit 18 Abbildungen. 1954 Bd. 910
II: Mensch und Kultur. 155 Seiten mit 6 Abbildungen. 1954 Bd. 911

Australien und Ozeanien von *H. J. Krug*. 176 Seiten mit 46 Skizzen. 1953 . . . . Bd. 319

Kartenkunde von *M. Eckert-Greifendorff* †. 3., durchgesehene Auflage von *W. Kleffner*. 149 Seiten mit 63 Abb. 1950 Bd. 30

Volkswirtschaft · Publizistik

Allgemeine Betriebswirtschaftslehre von *K. Mellerowicz*. 8., unveränderte Auflage.
I: 142 Seiten. 1954 . . . . Bd. 1008
II: 112 Seiten. 1954 . . . . Bd. 1153
III: 143 Seiten. 1954 . . . . Bd. 1154

Zeitungslehre von *E. Dovifat*. 3., neubearbeitete Auflage. 1955. 2 Bände. In Vorbereitung . . . . Bd. 1039/1040

Naturwissenschaften

Mathematik

Geschichte der Mathematik von *J. E. Hofmann.*
I: Von den Anfängen bis zum Auftreten von Fermat und Descartes. 200 Seiten. 1953 . . . . Bd. 226

Mathematische Formelsammlung von *F. Ringleb.* Vollständig umgearbeitete Neuausgabe des Werkes von *O. Th. Bürklen.* 5., verbesserte Auflage. 274 Seiten mit 57 Figuren. 1949 . . . . Bd. 51

Fünfstellige Logarithmen von *A. Adler.* Mit mehreren graphischen Rechentafeln und häufig vorkommenden Zahlwerten. 2. Auflage. Neudruck. 127 Seiten mit 1 Tafel. 1949 . . . . Bd. 423

Höhere Algebra von *H. Hasse.* 3., verbesserte Auflage.
I: Lineare Gleichungen. 152 Seiten. 1951 . . . . Bd. 931
II: Gleichungen höheren Grades. 158 Seiten mit 5 Figuren. 1951 . . . . Bd. 932

Aufgabensammlung zur höheren Algebra von *H. Hasse* und *W. Klobe.* 2., verbesserte und vermehrte Auflage. 181 Seiten. 1952 . . . . Bd. 1082

Elementare und klassische Algebra vom modernen Standpunkt von *W. Krull.* 2., erweiterte Auflage.
I: 136 Seiten. 1952 . . . . Bd. 930

Einführung in die Zahlentheorie von *A. Scholz*†. Überarbeitet von *B. Schoeneberg.* 1955. In Vorbereitung . . . . . Bd. 1131

Gruppentheorie von *L. Baumgartner.* 2. Auflage. 115 Seiten mit 6 Figuren. 1949 . . . . Bd. 837

Funktionentheorie von *K. Knopp.* 7. Auflage.
I: Grundlagen der allgemeinen Theorie der analytischen Funktionen. 139 Seiten. Nachdruck 1954 . . . . Bd. 668
II: Anwendungen und Weiterführung der allgemeinen Theorie. 130 Seiten. Nachdruck 1954 . . . . Bd. 703

Aufgabensammlung zur Funktionentheorie von *K. Knopp.* 4. Auflage.
I: Aufgaben zur elementaren Funktionentheorie. 135 Seiten. 1949 . . . . Bd. 877
II: Aufgaben zur höheren Funktionentheorie. 151 Seiten. 1949 . . . . Bd. 878

Elemente der Funktionentheorie von *K. Knopp.* 3. Auflage. 144 Seiten. Nachdruck 1954 . . . . Bd. 1109

Differentialrechnung von *A. Witting*†. 3., neubearbeitete Auflage. Durchgesehener Neudruck. 201 Seiten mit 95 Figuren und 200 Beispielen. 1949 . . . . Bd. 87

Repetitorium und Aufgabensammlung zur Differentialrechnung von *A. Witting*†. 2., neubearbeitete Auflage. Durchgesehener Neudruck. 145 Seiten. 1949 . . . . Bd. 146

Integralrechnung von *A. Witting*†. 2., verbesserte Auflage. Durchgesehener Neudruck. 176 Seiten mit 62 Figuren und 190 Beispielen . . . . Bd. 88

Repetitorium und Aufgabensammlung zur Integralrechnung von *A. Witting*†. 2., neubearbeitete Auflage. Durchgesehener Neudruck. 121 Seiten mit 32 Figuren und 309 Beispielen. 1949. . . . . Bd. 147

Gewöhnliche Differentialgleichungen von *G. Hoheisel*. 4., neubearbeitete Auflage. 129 Seiten. 1951 . . . . Bd. 920

Partielle Differentialgleichungen von *G. Hoheisel*. 3., neubearbeitete Auflage. Etwa 130 Seiten. 1954 . . . . . Bd. 1003

Aufgabensammlung zu den gewöhnlichen und partiellen Differentialgleichungen von *G. Hoheisel*. 2., umgearbeitete Auflage. 124 Seiten. 1952 . . . . Bd. 1059

Darstellende Geometrie von *W. Haack*.

I: Die wichtigsten Darstellungsmethoden. Grund- und Aufriß ebenmäßiger Körper. 106 Seiten mit 117 Abbildungen. 1954 . . . . Bd. 142

II: Körper mit krummen Begrenzungsflächen. Kotierte Projektionen. 129 Seiten mit 86 Abbildungen. 1954 . . Bd. 143

Sammlung von Aufgaben und Beispielen zur analytischen Geometrie der Ebene von *R. Haussner*. Mit den vollständigen Lösungen. 139 Seiten mit 22 Figuren im Text. Neudruck. 1949 . . . . Bd. 256

Nichteuklidische Geometrie von *R. Baldus*†. Hyperbolische Geometrie der Ebene. 3., verbesserte Auflage, durchgesehen und herausgegeben von *F. Löbell*. 140 Seiten mit 70 Figuren im Text. 1954 . . . . Bd. 970

Differentialgeometrie von *K. Strubecker* (früher Rothe). 2 Bände. In Vorbereitung . . . . Bd. 1113

Einführung in die konforme Abbildung von *L. Bieberbach*. 4. Auflage. 147 Seiten mit 42 Zeichnungen. 1949 . . . Bd. 768

Vektoranalysis von *S. Valentiner*. Neudruck der 7. Auflage (1950). 138 Seiten mit 19 Figuren. 1954 . . . . Bd. 354

Vermessungskunde von *P. Werkmeister*.

I: Stückmessung und Nivellieren. 9. Auflage. 165 Seiten mit 145 Figuren. 1949 . . . . Bd. 468

II: Messung von Horizontalwinkeln. Festlegung von Punkten im Koordinatensystem. Absteckungen. 7. Auflage. 151 Seiten mit 93 Figuren. 1949 . . . . Bd. 469

III: Trigonometrische und barometrische Höhenmessung. Tachymetrie und Topographie. 6. Auflage. 147 Seiten mit 64 Figuren. 1949 . . . . Bd. 862

Versicherungsmathematik von *F. Böhm*.

I: Elemente der Versicherungsrechnung. 3., vermehrte und verbesserte Auflage. Durchgesehener Neudruck. 151 Seiten. 1954. . . . . Bd. 180

II: Lebensversicherungsmathematik. Einführung in die technischen Grundlagen der Sozialversicherung. 2., verbesserte Auflage. 205 Seiten. 1953 . . . . Bd. 917/917a

Physik

Einführung in die theoretische Physik von *W. Döring*
I: Mechanik. 119 Seiten mit 29 Abbildungen. 1954 . . . Bd. **76**
II: Theorie des elektromagnetischen Feldes. In Vorbereitg. Bd. **77**

Atomphysik von *K. Bechert* und *Ch. Gerthsen*. 3., umgearb. Auflage.
I und II: 1955. In Vorbereitung . . . . Bd. 1009/1033
III: Theorie des Atombaus. 1. Teil von *K. Bechert*. 148 Seit. mit 16 Abbildungen. 1954 . . . . Bd. 1123/1123a
IV: Theorie des Atombaus. 2. Teil von *K. Bechert*. 170 Seiten mit 14 Abbildungen .1954 . . . . Bd. 1165/1165a

Differentialgleichungen der Physik von *F. Sauter*. 2. Auflage. 148 Seiten mit 16 Figuren. 1950 . . . . Bd. 1070

Physikalische Formelsammlung von *G. Mahler* und *K. Mahler*. 8., verbesserte Auflage. 153 Seiten mit 69 Figuren. 1950 Bd. **136**

Physikalische Aufgabensammlung von *G. Mahler* und *K. Mahler*. Mit den Ergebnissen. 8. Auflage. 1955. In Vorbereitung . . . . Bd. **243**

Chemie

Geschichte der Chemie von *G. Lockemann*. In kurzgefaßter Darstellung
I: Vom Altertum bis zur Entdeckung des Sauerstoffs. 142 Seiten mit 8 Bildnissen. 1950 . . . . Bd. **264**
II: Von der Entdeckung des Sauerstoffs bis zur Gegenwart. In Vorbereitung . . . . Bd. **265**

Anorganische Chemie von *W. Klemm*. 8. Auflage. 184 Seiten mit 18 Abbildungen. 1954 . . . . Bd. **37**

Organische Chemie von *W. Schlenk*. 6., erweiterte Auflage. 263 Seiten. 1954 . . . . Bd. 38/38a

Allgemeine und physikalische Chemie von *W. Schulze*.
I: 1955. In Vorbereitung . . . . Bd. 71
II: 3., durchgesehene Auflage. 160 Seiten mit 36 Fig. 1949. Bd. 698
III: Molekülbau. 1955. In Vorbereitung . . . . Bd. 786

Analytische Chemie von *J. Hoppe*. 5., verbesserte Auflage.
I: Reaktionen. 135 Seiten. 1950 . . . . Bd. 247
II: Gang der qualitativen Analyse. 166 Seiten. 1950 . . . Bd. 248

Maßanalyse von *G. Jander* und *K. F. Jahr*. Theorie und Praxis der klassischen und der elektrochemischen Titrierverfahren. 6. Auflage.
I: 140 Seiten mit 18 Figuren. 1952 . . . . Bd. 221
II: 139 Seiten mit 24 Figuren. 1952 . . . . Bd. 1002

Thermochemie von *W. A. Roth*. 2., verbesserte Auflage. 109 Seiten mit 16 Figuren. 1952 . . . . Bd. 1057

Physikalisch-chemische Rechenaufgaben von *E. Asmus*. 2. Auflage. 96 Seiten. 1949 . . . . Bd. **445**

Stöchiometrische Aufgabensammlung von *W. Bahrdt* und *R. Scheer*. Mit den Ergebnissen. 5., verbesserte Auflage. 120 Seiten. 1952 . . . . Bd. **452**

Elektrochemie und ihre physikalisch-chemischen Grundlagen von *A. Dassler*.
I: 149 Seiten mit 21 Abbildungen. 1950 . . . . Bd. 252
II: 178 Seiten mit 17 Abbildungen. 1950 . . . . Bd. 253

Technologie

Warenkunde von *K. Hassak*† und *E. Beutel*†. 7. Auflage. Neubearbeitet von *A. Kutzelnigg*.
I: Anorganische Waren sowie Kohle und Erdöl. 116 Seiten mit 19 Figuren. 1947 . . . . Bd. 222
II: Organische Waren. 143 Seiten mit 32 Figuren. 1949 . . Bd. 222

Die Fette und Öle von *K. Braun*†. 5., völlig neubearbeitete und verbesserte Auflage von *Th. Klug*. 145 Seiten. 1950 . . Bd. 335

Die Seifenfabrikation von *K. Braun*†. 3., neubearbeitete und verbesserte Auflage von *Th. Klug*. 116 Seiten mit 18 Abbildungen. 1953 . . . . Bd. 336

Textilindustrie von *A. Blümcke*.
I: Spinnerei und Zwirnerei. 112 Seiten mit 43 Abbildungen. 1954. . . . . Bd. 184

Biologie

Hormone von *G. Koller*. 2., neubearbeitete und erweiterte Auflage. 187 Seiten mit 60 Abbildungen und 19 Tabellen. 1949 . . . . Bd. 1141

Fortpflanzung im Tier- und Pflanzenreich von *J. Hämmerling*. 2., ergänzte Auflage. 135 Seiten mit 101 Abbildungen. 1951 . . . . Bd. 1138

Geschlecht und Geschlechtsbestimmung im Tier- und Pflanzenreich von *M. Hartmann*. 2., verbesserte Auflage. 116 Seiten mit 61 Abbildungen und 7 Tabellen. 1951 . Bd. 1127

Grundriß der allgemeinen Mikrobiologie von *W. Schwartz*
I: 104 Seiten mit 17 Abbildungen. 1949 . . . . Bd. 1155
II: 93 Seiten mit 12 Abbildungen. 1949 . . . . Bd. 1157

Symbiose der Tiere mit pflanzlichen Mikroorganismen von *P. Buchner*. 2., verbesserte und vermehrte Auflage. 130 Seiten mit 121 Abbildungen. 1949 . . . . Bd. 1128

Botanik

Entwicklungsgeschichte des Pflanzenreiches von *H. Heil*. 2. Auflage. 138 Seiten mit 94 Abbildungen und 1 Tabelle. 1950 Bd. 1137

Morphologie der Pflanzen von *L. Geitler*. 3. Auflage. 126 Seiten mit 114 Abbildungen. 1954 . . . . Bd. 141

Pflanzenzüchtung von *H. Kuckuck*. 3., völlig umgearbeitete Auflage.
I: Grundzüge der Pflanzenzüchtung. 132 Seiten mit 22 Abbildungen. 1952 . . . . Bd. 1134

Die Laubhölzer von *F. W. Neger*† und *E. Münch*†. Kurzgefaßte Beschreibung der in Mitteleuropa gedeihenden Laubbäume und Sträucher. 3., durchgesehene Auflage, herausgegeben von *B. Huber*. 143 Seiten mit 63 Figuren und 7 Tabellen. 1950 . . . . Bd. 718

Die Nadelhölzer (Koniferen) und übrigen Gymnospermen von *F. W. Neger*† und *E. Münch*†. 4. Auflage. Durchgesehen und ergänzt von *B. Huber*. 140 Seiten mit 75 Figuren, 4 Tabellen und 3 Karten. 1952 . . . . Bd. 355

Zoologie

Entwicklungsphysiologie der Tiere von *F. Seidel.*
I: Ei und Furchung. 126 Seiten mit 29 Abbildungen. 1953 . . . . Bd. 1162
II: Körpergrundgestalt und Organbildung. 159 Seiten mit 42 Abbildungen. 1953 . . . . Bd. 1163

Das Tierreich.
Fische von *D. Lüdemann.* In Vorbereitung . . . . . Bd. 356
Insekten von *H. von Lengerken.* 128 Seiten mit 58 Abbildungen. 1953 . . . . Bd. 594
Lurche von *K. Herter.* 140 Seiten mit 129 Abbild. 1955 Bd. 847
Spinnentiere von *A. Kaestner.* 96 S. mit 55 Abb. 1955. Bd. 1161
Würmer von *S. Jaeckel.* 112 Seiten mit 36 Abbild. 1954 Bd. 439
Weichtiere von *S. Jaeckel.* 92 Seiten mit 34 Abbildungen. 1955 . . . . Bd. 440

Vergleichende Physiologie der Tiere von *K. Herter.* 3. Auflage der „Tierphysiologie".
I: Stoff- und Energiewechsel. 155 Seiten mit 64 Abbild. 1950 . . . . Bd. 972
II: Bewegung und Reizerscheinungen. 148 Seiten mit 110 Abbildungen. 1950 . . . . Bd. 973

Land- und Forstwirtschaft

Landwirtschaftliche Tierzucht von *H. Vogel.* Die Züchtung und Haltung der landwirtschaftlichen Nutztiere. 139 Seiten mit 11 Abbildungen. 1952 . . . . Bd. 228

Kulturtechnische Bodenverbesserungen von *O. Fauser.* 4., neubearbeitete Auflage.
I: Allgemeines, Entwässerung. 122 Seiten mit 47 Abbildungen. 1947 . . . . Bd. 691
II: Bewässerung, Ödlandkultur, Umlegung. 150 Seiten mit 67 Abbildungen. 1949 . . . . Bd. 692

Agrikulturchemie von *K. Scharrer.*
I: Pflanzenernährung. 143 Seiten. 1953 . . . . Bd. 329

Geologie · Mineralogie · Kristallographie

Kristallographie von *W. Bruhns*† und *P. Ramdohr.* 4. Auflage. 106 Seiten mit 163 Abbildungen. 1954 . . . . Bd. 210

Einführung in die Kristalloptik von *E. Buchwald.* 4., verbess. Auflage. 138 Seiten mit 121 Figuren. 1952 . . . . . . Bd. 619

Lötrohrprobierkunde von *M. Henglein.* Mineraldiagnose mit Lötrohr- und Tüpfelreaktion. 3., verbesserte Auflage. 91 Seiten mit 11 Figuren. 1949 . . . . Bd. 483

Mineral- und Erzlagerstättenkunde von *H. Huttenlocher.*
I: 128 Seiten mit 34 Abbildungen. 1954 . . . . Bd. 1014
II: 156 Seiten mit 48 Abbildungen. 1954 . . . . . Bd. 1015/1015a

Mineralogie von *R. Brauns*† und *K. F. Chudoba.* 9. Auflage.
I: Allgemeine Mineralogie. 1955. In Vorbereitung . . . Bd. 29
II: Spezielle Mineralogie. 1955. In Vorbereitung . . . . Bd. 31

Petrographie. Von *W. Bruhns*† und *P. Ramdohr.* 4., durchgesehene Auflage. Mit 10 Abbildungen. 1955. In Vorbereitung . . . . Bd. 173

Geologie von *F. Lotze.* 1955. In Vorbereitung . . . . Bd. 13

Technik

Elektrotechnik

Die Gleichstrommaschine von *K. Humburg.* Durchgesehener Neudruck.
I: 102 Seiten mit 59 Abbildungen. 1949 . . . . Bd. 257
II: 98 Seiten mit 38 Abbildungen. 1949 . . . . Bd. 881

Die synchrone Maschine von *K. Humburg.* Neudruck. 109 Seiten mit 78 Bildern. 1951 . . . . Bd. 1146

Induktionsmaschinen von *F. Unger.* 2., erweiterte Auflage. 142 Seiten mit 49 Abbildungen. 1954 . . . . Bd. 1140

Transformatoren von *W. Schäfer.* 2. Auflage. 128 Seiten mit 74 Abbildungen. 1949 . . . . Bd. 952

Die komplexe Berechnung von Wechselstromschaltungen von *H. H. Meinke.* 160 Seiten mit 114 Abbildungen. 1949 . Bd. 1156

Theoretische Grundlagen zur Berechnung der Schaltgeräte von *F. Kesselring.* 3. Auflage. 144 Seiten mit 92 Abbildungen. 1950 . . . . Bd. 711

Elektromotorische Antriebe (Grundlagen für die Berechnung) von *A. Schwaiger.* 3., neubearbeitete Auflage. 96 Seiten mit 34 Abbildungen. 1952 . . . . Bd. 827

Technische Tabellen und Formeln von *W. Müller.* 4., verbesserte und erweiterte Auflage von *E. Schulze.* 152 Seiten mit 105 Figuren. 1951 . . . . Bd. 579

Überspannungen und Überspannungsschutz von *G. Frühauf.* Durchgesehener Neudruck. 122 Seiten mit 98 Abbildungen. 1950 . . . . Bd. 1132

Maschinenbau

Werkzeugmaschinen von *K. P. Matthes.*
I: 110 Seiten mit 27 Abbildungen, 11 Zahlentafeln im Text und 1 Tafelanhang. 1954 . . . . Bd. 561
II: 1955. In Vorbereitung . . . . Bd. 562

Die Maschinenelemente von *E. A. vom Ende.* 2., verbesserte Auflage. 159 Seiten mit 173 Figuren und 12 Tafeln. 1950 Bd. 3

Das Maschinenzeichnen mit Einführung in das Konstruieren von *W. Tochtermann.* 4. Auflage.
I: Das Maschinenzeichnen. 156 Seiten mit 77 Tafeln. 1950 Bd. 589
II: Ausgeführte Konstruktionsbeispiele. 130 Seiten mit 58 Tafeln. 1950 . . . . Bd. 590

Getriebelehre von *P. Grodzinski.* 2., neubearbeitete Auflage.
I: Geometrische Grundlagen. 159 Seiten mit 142 Figuren. 1953 . . . . Bd. 1061

Gießereitechnik von *H. Jungbluth.*
I: Eisengießerei. 126 Seiten mit 44 Abbildungen. 1951 . . Bd. 1159

Die Dampfkessel und Feuerungen einschließlich Hilfseinrichtungen in Theorie, Konstruktion und Berechnung von *W. Marcard*†. 2. Auflage. Neubearbeitet von *K. Beck*.
I: Die theoretischen Grundlagen. Wärme, Verbrennung, Wärmeübertragung. 150 Seiten mit 42 Abbildungen und 16 Tabellen. 1951 . . . . Bd. 9
II: Dampfkessel. 147 Seiten mit 43 Abbildungen. 1952 . . Bd. 521

Technische Thermodynamik von *W. Nusselt*.
I: Grundlagen. 3., verbesserte Auflage. 144 Seiten mit 71 Abbildungen. 1950 . . . . Bd. 1084
II: Theorie der Wärmekraftmaschinen. Neudruck. 144 Seiten mit 87 Abbildungen und 32 Zahlentafeln. 1951. . Bd. 1151

Autogenes Schweißen und Schneiden von *H. Niese*. 5. Auflage. Neubearbeitet von *A. Küchler*. 136 Seiten mit 71 Figuren. 1954 . . . . Bd. 499

Elektrische Schweißverfahren von *H. Niese*. Herausgegeben von *H. Dienst*. In Vorbereitung . . . . Bd. 1020

Metallkunde. Einführendes über Aufbau, Eigenschaften und Untersuchung von Metallen und Legierungen sowie über Grundlagen des Schmelzens, des Gießens, des Verformens, der Wärmebehandlung, der Oberflächenbehandlung, der Verbinde- und Trennarbeiten von *H. Borchers*. 2. Auflage.
I: Aufbau der Metalle und Legierungen. 110 Seiten mit 2 Tabellen und 90 Abbildungen. 1950 . . . . Bd. 432
II: Eigenschaften. Grundzüge der Form- und Zustandsgebung. 154 Seiten mit 8 Tabellen und 100 Abbildungen. 1952 . . . . Bd. 433

Dynamik von *W. Müller*. 2., verbesserte Auflage.
I: Dynamik des Einzelkörpers. 128 Seiten mit 48 Figuren. 1952 . . . . Bd. 902
II: Systeme von starren Körpern. 102 Seiten mit 41 Figuren. 1952 . . . . Bd. 903

Technische Schwingungslehre von *L. Zipperer*.
I: Allgemeine Schwingungsgleichungen, einfache Schwinger. 2., neubearbeitete Auflage. 120 Seiten mit 101 Abbildungen. 1953 . . . . Bd. 953
II: In Vorbereitung . . . . Bd. 961

Hebezeuge von *G. Tafel*.
I: 2., verbesserte Auflage. 276 Seiten mit 230 Figuren. 1954 . . . . Bd. 414/414a

Wasserbau

Wasserkraftanlagen von *A. Ludin*. 2 Bände. 1955. In Vorbereitung . . . . Bd. 665/666

Verkehrswasserbau von *H. Dehnert*.
I: Entwurfsgrundlagen, Flußregelungen. 103 Seiten mit 52 Textabbildungen. 1950 . . . . Bd. 585
II: Flußkanalisierungen und Schiffahrtskanäle. 94 Seiten mit 60 Textabbildungen. 1950 . . . . Bd. 597
III: Schleusen und Hebewerke. 98 Seiten mit 70 Textabbildungen. 1950 . . . . Bd. 1152

Talsperren von *F. Tölke*. 122 Seiten mit 70 Abbildungen. 1953 Bd. 1044

Wehr- und Stauanlagen von *H. Dehnert*. 134 Seiten mit 90 Abbildungen. 1952 . . . . Bd. 965

Hoch- und Tiefbau

Die wichtigsten Baustoffe des Hoch- und Tiefbaus von *O. Graf*. 4., verbesserte Auflage. 131 Seiten mit 63 Abbildungen. 1953 . . . . Bd. 984

Baustoffverarbeitung und Baustellenprüfung des Betons von *A. Kleinlogel*. 2., neubearbeitete und erweiterte Auflage. 126 Seiten mit 35 Abbildungen. 1951 . . . . . . Bd. 978

Festigkeitslehre von *W. Gehler*† und *W. Herberg*.

I: Elastizität, Plastizität und Festigkeit der Baustoffe und Bauteile. Durchgesehener und erweiterter Neudruck. 159 Seiten mit 18 Bildern. 1952 . . . . Bd. 1144

II: Formänderung, Platten, Stabilität und Bruchhypothesen. Bearb. von W. Herberg und N. Dimitrov. Mit 94 Bildern. In Vorbereitung . . . . Bd. 1145

Grundlagen des Stahlbetonbaus von *A. Troche*. 2., neubearbeitete und erweiterte Auflage. 208 Seiten mit 75 Abbildungen, 17 Bemessungstafeln und 20 Rechenbeispielen. 1953 . . . . Bd. 1078

Fenster, Türen, Tore aus Holz und Eisen. Eine Einleitung zu ihrer guten Gestaltung, wirtschaftlichen Bemessung und handwerksgerechten Konstruktion von *W. Wickop*. 4. Auflage. 1955. In Vorbereitung . . . . Bd. 1092

Heizung und Lüftung von *J. Körting*† und *W. Körting*. 8., neubearbeitete Auflage.

I: Das Wesen und die Berechnung der Heizungs- und Lüftungsanlagen. 140 Seiten mit 29 Abbildungen und 18 Zahlentafeln. 1951 . . . . Bd. 342

II: Die Ausführung der Heizungs- und Lüftungsanlagen. 152 Seiten mit 165 Abbildungen und 7 Zahlentafeln. 1954 . . . . Bd. 343

SAMMLUNG GÖSCHEN / BANDNUMMERNFOLGE

1 Langosch, Der Nibelunge Nôt
3 vom Ende, Maschinenelemente
9 Marcard-Beck, Dampfkessel I
13 Lotze, Geologie
20 Hofstaetter-Spree, Dt. Sprachlehre
29 Brauns-Chudoba, Allg. Mineralogie
30 Eckert-Greifendorff-Kleffner, Kartenkunde
31 Brauns-Chudoba, Spez. Mineralogie
37 Klemm, Anorganische Chemie
38/38a Schlenk, Organ. Chemie
42 Behn, Vorgeschichte Europas
51 Bürklen-Ringleb, Mathematische Formelsammlung
59 Krahe, Indogerm. Sprachwiss.
61 Biehle, Redetechnik
66 Berneker-Vasmer, Russische Grammatik
70 Nestle, Griech. Literaturgesch. I
71 Schulze, Allgem. und physikalische Chemie I
76 Döring, Einführ. i. d. theoret. Physik I
77 Döring, Einführ. i. d. theoret. Physik II
79 Hempel, Gotisches Elementarbuch
80 Weigert, Stilkunde I
87 Witting, Differentialrechnung
88 Witting, Integralrechnung
101 v. Wiese, Soziologie
111 Hoffmann-Debrunner, Geschichte der griech. Sprache I
114 Hoffmann-Debrunner, Geschichte der griech. Sprache II
117 Brandenstein, Griechische Sprachwissenschaft
125 Vossler, Italienische Literaturgeschichte
136 Mahler, Physikalische Formelsammlung
141 Geitler, Morphologie der Pflanzen
142 Haack, Darst. Geometrie I
143 Haack, Darst. Geometrie II
145 Weimer, Geschichte der Pädagogik
146 Witting, Repetitorium und Aufgabensammlung zur Differentialrechnung
147 Witting, Repetitorium und Aufgabensammlung zur Integralrechnung
170 Oehlmann, Musik des 19. Jahrhunderts
173 Bruhns-Ramdohr, Petrographie
180 Böhm, Versicherungsmathematik I
184 Blümcke, Textilindustrie I
200/200a Gottschald, Dt. Rechtschreibungswörterbuch
210 Bruhns-Ramdohr, Kristallographie
220/220a Moser, Allgemeine Musiklehre
221 Jander-Jahr, Maßanalyse I
222 Hassak-Beutel, Warenkunde I
223 Hassak-Beutel, Warenkunde II
226 Hofmann, Geschichte der Mathematik I
228 Vogel, Landw. Tierzucht
230 Krieger, Bad. Geschichte
243 Mahler, Physikal. Aufgabensammlung
247 Hoppe, Analytische Chemie I
248 Hoppe, Analytische Chemie II
252 Dassler, Elektrochemie I
253 Dassler, Elektrochemie II
256 Haussner, Aufgabensammlung zur analytischen Geometrie der Ebene
257 Humburg, Die Gleichstrommaschine I
264 Lockemann, Geschichte der Chemie I
265 Lockemann, Geschichte der Chemie II
270 Kirn, Einführung in die Geschichtswissenschaft
279 Jacob, Quellenkunde der deutschen Geschichte I
280 Jacob, Quellenkunde der deutschen Geschichte II
281 Leisegang, Einführung in die Philosophie
284 Jacob-Weden, Quellenkunde der deutschen Geschichte III

319 Krug, Australien und Ozeanien
329 Scharrer, Agrikulturchemie I
335 Braun-Klug, Fette und Öle
336 Braun-Klug, Seifenfabrikation
342 Körting, Heizung und Lüftung I
343 Körting, Heizung und Lüftung II
344 Moser, Musikästhetik
352 Devrient. Thüring. Geschichte
354 Valentiner, Vektoranalysis
355 Neger-Münch, Nadelhölzer
356 Lüdemann, Fische
375 Preller, Geschichte Englands I
394/394a Schilling, Von der Renaissance bis Kant
414/414a Tafel, Hebezeuge I
422 Gottschald, Dt. Personennamen
423 Adler, Fünfstell. Logarithmen
432 Borchers, Metallkunde I
433 Borchers, Metallkunde II
439 Jaeckel, Würmer
440 Jaeckel, Weichtiere
445 Asmus, Physikal.-chemische Rechenaufgaben
452 Bahrdt-Scheer, Stöchiometrische Aufgabensammlung
468 Werkmeister, Vermessungskunde I
469 Werkmeister, Vermessungskunde II
483 Henglein, Lötrohrprobierkunde
492 Stolz-Debrunner, Geschichte der lateinischen Sprache
499 Niese, Autogen. Schweißen
500 Simmel, Hauptprobleme der Philosophie
521 Marcard-Beck, Dampfkessel und Feuerungen II
536 Lehmann, Kant
538 Rumpf, Archäologie I
539 Rumpf, Archäologie II
557 Nestle, Griechische Literaturgeschichte II
561 Matthes, Werkzeugmaschinen I
562 Matthes, Werkzeugmasch. II
564 Behn, Kultur der Urzeit I
565 Behn, Kultur der Urzeit II
566 Behn, Kultur der Urzeit III
571 Lehmann, Philosophie des 19. Jahrhunderts I
576/576a Moser, Gesangskunst
579 Müller-Schulze, Techn. Tabellen
585 Dehnert, Verkehrswasserbau I
589 Tochtermann, Maschinenzeichnen I
590 Tochtermann, Maschinenzeichnen II
594 Lengerken, Insekten
597 Dehnert, Verkehrswasserbau II
619 Buchwald, Kristalloptik
665 Ludin, Wasserkraftanlagen I
666 Ludin, Wasserkraftanlagen II
668 Knopp, Funktionentheorie I
691 Fauser, Kulturtechn. Bodenverbesserungen I
692 Fauser, Kulturtechn. Bodenverbesserungen II
698 Schulze, Allgemeine und physikalische Chemie II
703 Knopp, Funktionentheorie II
709 Lehmann, Philosophie des 19. Jahrhunderts II
711 Kesselring, Berechnung der Schaltgeräte
718 Neger-Münch, Laubhölzer
763/763a Beer-Meyer, Hebräische Grammatik I
764/764a Beer-Meyer, Hebräische Grammatik II
768 Bieberbach, Einführung in die konforme Abbildung
780 Krahe, Germ. Sprachwiss. II
781 Weigert, Stilkunde II
768 Schulze, Molekülbau
807 Kropp, Erkenntnistheorie I
809 Moser, Harmonielehre I
810 Moser, Harmonielehre II
826 Koch, Philosophie des Mittelalters
827 Schwaiger, Elektromotorische Antriebe
837 Baumgartner, Gruppentheorie
845 Lehmann, Philosophie im ersten Drittel des 20. Jahrhunderts
847 Herter, Lurche
857 Capelle, Griech. Philosophie I
858 Capelle, Griech. Philosoph. II
859 Capelle, Griech. Philosoph. III
862 Werkmeister, Vermessungskunde III
863 Capelle, Griech. Philosoph. IV
877 Knopp, Aufgabensammlung zur Funktionentheorie I

878 Knopp, Aufgabensammlung zur Funktionentheorie II
881 Humburg, Gleichstrommaschine II
902 Müller, Dynamik I
903 Müller, Dynamik II
910 Jaeger, Afrika I
911 Jaeger, Afrika II
917/917a Böhm, Versicherungsmathematik II
920 Hoheisel, Gewöhnliche Differentialgleichungen
929 Schirmer, Dt. Wortkunde
930 Krull, Elementare und klassische Algebra I
931 Hasse, Höhere Algebra I
932 Hasse, Höhere Algebra II
952 Schäfer, Transformatoren
953 Zipperer, Techn. Schwingungslehre I
961 Zipperer, Techn. Schwingungslehre II
965 Dehnert, Wehr- u. Stauanlagen
970 Baldus-Löbell, Nichteuklid. Geometrie
972 Herter, Tierphysiologie I
973 Herter, Tierphysiologie II
978 Kleinlogel, Baustoffverarbeitung und Baustellenprüfung des Betons
984 Graf, Die wichtigsten Baustoffe des Hoch- und Tiefbaues
1000 Jaspers, Geistige Situation
1002 Jander-Jahr, Maßanalyse II
1003 Hoheisel, Partielle Differentialgleichungen
1008 Mellerowicz, Allgemeine Betriebswirtschaftslehre I
1009 Bechert-Gerthsen, Atomphysik I
1014 Huttenlocher, Mineral- und Erzlagerstättenkunde I
1015/1015a Huttenlocher, Mineral- und Erzlagerstättenkunde II
1021 Niese-Dienst, Elektr. Schweißverfahren
1031 Apel, Philosophisches Wörterbuch
1033 Bechert-Gerthsen, Atomphysik II
1034 Kranefeldt, Therapeutische Psychologie
1039 Dovifat, Zeitungslehre I
1040 Dovifat, Zeitungslehre II
1044 Tölke, Talsperren
1045 Schubert, Technik des Klavierspiels
1057 Roth, Thermochemie
1059 Hoheisel, Aufgabensammlung zu den gewöhnl. und partiellen Differentialgleichungen
1061 Grodzinski, Getriebelehre I
1065 Haller, Von den Karolingern zu den Staufern
1070 Sauter, Differentialgleichungen der Physik
1078 Troche, Stahlbetonbau
1082 Hasse-Klobe, Aufgabensammlung zur Höheren Algebra
1084 Nusselt, Technische Thermodynamik I
1086 Müller, Dt. Dichten u. Denken
1088 Preller, Geschichte Englands II
1092 Wickop, Fenster, Türen, Tore,
1094 Hernried, System. Modulation
1096 Viëtor, Dt. Dichten u. Denken
1105 Hartung, Dt. Geschichte im Zeitalter der Reformation
1109 Knopp, Elemente der Funktionentheorie
1111 Naumann-Betz, Althochdeutsches Elementarbuch
1113 Strubecker, Differentialgeometrie I
1114 Schubel, Englische Literaturgeschichte I
1115 Ranke, Altnord. Elementarbuch
1116 Meissner, Englische Literaturgeschichte II
1121 Naumann, Dt. Dichten und Denken
1122 Feist, Sprechen und Sprachpflege
1123/1123a Bechert-Gerthsen, Atomphysik III
1124 Meissner, Englische Literaturgeschichte III
1125 Lehnert, Altengl. Elementarbuch
1127 Hartmann, Geschlecht und Geschlechtsbestimmung im Tier- und Pflanzenreich

1128 Buchner, Symbiose der Tiere mit pflanzl. Mikroorganismen
1130 Dibelius, Jesus
1131 Scholz-Schoeneberg Einführung in die Zahlentheorie
1132 Frühauf, Überspannungen und Überspannungsschutz
1134 Kuckuck, Pflanzenzüchtung I
1135 Lehnert, Beowulf
1136 Meissner, Englische Literaturgeschichte IV
1137 Heil, Entwicklungsgeschichte des Tier- und Pflanzenreichs
1138 Hämmerling, Fortpflanzung im Tier- und Pflanzenreich
1140 Unger, Induktionsmaschinen
1141 Koller, Hormone
1142 Meissner-Lehnert, Shakespeare
1144 Gehler, Festigkeitslehre I
1145 Herberg, Festigkeitslehre II
1146 Humburg, Synchrone Maschine
1147 v. Waltershausen, Kunst des Dirigierens
1148 Pepping, Der polyphone Satz I
1151 Nusselt, Technische Thermodynamik II
1152 Dehnert, Verkehrswasserbau III
1153 Mellerowicz, Allgem. Betriebswirtschaftslehre II
1154 Mellerowicz, Allgem. Betriebswirtschaftslehre III
1155 Schwartz, Mikrobiologie I
1156 Meinke, Kompl. Berechnung der Wechselstromschaltungen
1157 Schwartz, Mikrobiologie II
1158 Mayrhofer, Sanskrit-Grammatik
1159 Jungbluth, Gießereitechnik I
1160 Dibelius-Kümmel, Paulus
1161 Kaestner, Spinnentiere
1162 Seidel, Entwicklungsphysiologie der Tiere I
1163 Seidel, Entwicklungsphysiologie der Tiere II
1165, 1165a Bechert-Gerthsen, Atomphysik IV

AUTORENREGISTER

FSC
www.fsc.org
MIX
Papier | Fördert
gute Waldnutzung
FSC® C083411

Kolibri 360 GmbH
Ferdinand-Jühlke-Straße 7
99095 Erfurt, Deutschland
produktsicherheit@kolibri360.de